孫子兵法與現代管理

企業戰場上的致勝策略

企業如軍隊，管理即兵法　　林遠謀 著

從戰場到市場，軍師智慧教你制敵機先

決策、組織、領導，制勝之道盡在掌握

目 錄

序　從古兵法到現代管理的智慧

第一章　決策的原點與競爭評估

第一節	五事七計：領導者的判斷基礎	012
第二節	SWOT 與 PEST：企業戰前的情勢分析	018
第三節	避免短視近利：策略規劃的長期布局	023
第四節	判斷時機與資源：制定勝算比百分比更重要	027
第五節	台積電的先進製程賭注：精準決策的實戰案例	031

第二章　資源調度與成本思維

第一節	資源有限時的決戰場景思考	036
第二節	成本與時間的交換：管理中的「效率權衡」	040
第三節	快速反應機制的建立	044
第四節	如何設計高效的專案運行路徑	048

◇ 目錄

| 第五節 | 執行與回收之間的資源平衡 | 052 |
| 第六節 | SpaceX 如何以極低成本進軍太空市場 | 056 |

第三章　策略制定與競爭管理

第一節	不戰而屈人之兵：商業競爭的最高境界	062
第二節	五力分析：競爭者、供應商與替代品的布局戰	066
第三節	品牌策略與定位的核心思維	070
第四節	當合作比對抗更有效：策略聯盟與合縱連橫	074
第五節	多品牌多市場的布局邏輯	078
第六節	Netflix 打敗百視達的策略設計與落地過程	082

第四章　穩定體制與組織設計

第一節	強組織、不亂陣：如何建構有效能的組織架構	088
第二節	由靜制動：組織穩定性與風險控制	092
第三節	指揮權與職責：現代管理的授權之道	096
第四節	能力建構與流程標準化	100
第五節	「無形之形」：打造可持續且靈活的系統	104
第六節	Gogoro 從車廠變平臺的內部重構之路	108

第五章　動能引爆與團隊管理

- 第一節　形勢造勢：掌握團隊運作節奏　114
- 第二節　槓桿效應：用小資源創造大成果　118
- 第三節　激勵設計與績效動能　122
- 第四節　如何用制度管理勢能而非僅靠個人　126
- 第五節　建立團隊默契與標準行動模型　130
- 第六節　Google 內部「20% 時間」制度背後的勢學　134

第六章　市場創新與競爭優勢

- 第一節　無中生有：創新如何顛覆既有市場　140
- 第二節　客戶需求的潛在動機識別　144
- 第三節　創造資訊不對稱的市場領導策略　148
- 第四節　創造虛實之間的品牌記憶點　152
- 第五節　跨域結盟與破壞式創新　156
- 第六節　Dyson 如何用風扇與吸塵器打破市場印象　160

第七章　時間策略與競爭壓力應對

- 第一節　打贏節奏戰：時間是最貴的資產　166
- 第二節　「道高一尺」的反應策略與超前部屬　170
- 第三節　在危機中快決策與準行動的訓練　174
- 第四節　如何建立動態決策機制　178

◇ 目錄

| 第五節 | 壓力環境下的領導與指揮 | 181 |
| 第六節 | Shopee 如何在快閃電商中建構時效優勢 | 185 |

第八章　危機轉向與策略彈性

第一節	從轉向到轉勝：危機中的策略彈性設計	190
第二節	從品牌守成到策略再起：回應式轉型的最佳實踐	194
第三節	從產業退潮中求生：策略調整與價值重估	198
第四節	從「轉念」開始的轉型：內部價值觀更新的力量	202
第五節	選擇放棄：策略集中化的果敢抉擇	206
第六節	從擴張到專注：策略簡化的長期勝利法則	210

第九章　團隊溝通與協同運作

第一節	組織中的「路徑依賴」與資訊流動	216
第二節	指揮層級的傳遞與協同策略	220
第三節	跨部門合作的溝通架構	224
第四節	管理者的現場觀察與介入	228
第五節	領導者角色定位與情境領導	232
第六節	麥當勞如何在全球實現高度標準化執行	236

第十章　市場定位與資源掌控

第一節	地形六類：選擇戰場比執行更重要	242
第二節	市場區隔與目標選定	246
第三節	本地化與國際化的決策落差	249
第四節	企業成長曲線與市場節奏掌控	253
第五節	平臺型企業的「地形策略」	257
第六節	Uber 進軍各國市場的區域化作戰策略	260

第十一章　員工心理與內部動能設計

第一節	企業文化作為精神支撐與行動準則	266
第二節	員工分層動機與群體行為心理	270
第三節	強化歸屬與使命：從「兵」變「將」	274
第四節	內部動能建構與持久戰規劃	279
第五節	彈性工時、遠距制度與信任管理	283
第六節	華碩從技術導向轉為文化導向的演變過程	287

第十二章　危機公關與策略轉進

第一節	引火為攻：危機就是轉機	292
第二節	企業如何面對負評與品牌崩潰	297
第三節	社群時代的聲譽風險控管	301
第四節	危機中打出反擊：逆轉操作案例解析	305

◇目錄

| 第五節 | 火攻五法對應現代危機處置模式 | 309 |
| 第六節 | 特斯拉 FSD 事故風波下的轉譯與轉向 | 313 |

第十三章　情報分析與競爭情報系統

第一節	情報即力量：市場洞察的系統化建立	318
第二節	數據驅動下的決策優勢	322
第三節	商情蒐集與競爭對手行為預測	326
第四節	顧客資料、業界傳聞與公關觀測	330
第五節	商業間諜與道德邊界的模糊性	335
第六節	LINE 與日本市場用戶習慣資料運用範例	339

序　從古兵法到現代管理的智慧

當市場瞬息萬變、競爭愈加白熱化，許多管理者經常自問：在這個不確定的時代，如何決策，才能避免失敗？如何布局，才能不戰而勝？本書便是對這些提問的一次回應。我們將《孫子兵法》的千年智慧，轉譯為現代企業策略與管理的實用指南，結合具體案例與行動框架，協助領導者在紛亂市場中重獲清晰視野。

從「五事七計」開始，本書從孫子兵法的決策原點出發，拆解道、天、地、將、法的管理體質，並結合七計的敵我評估模型，為讀者構築一套結構性思考工具。無論是組織轉型、競爭策略、資源配置，甚至是風險管理，皆可依循此法門，見其形、察其勢、謀定而後動。

我們不僅僅停留在概念的闡述，更透過豐富案例，具體展現「兵法即商道」的精神。這些案例不僅佐證了兵法智慧的現代性，更點出了領導者必須擁有的洞察力與佈局力。

本書也不避談現代管理的核心困境：短視近利、資源有限、組織僵化。我們希望讀者能不再受限於框架，而是運用工具融合兵法，洞察環境與自身，建立「不可勝在己」的戰略自信。

◇ 序　從古兵法到現代管理的智慧

　　更重要的是，企業管理不只在決勝市場，還要回歸組織的根本——制度、流程、人才與文化的穩固。本書從組織設計的穩定性談起，論及權責分明的授權體系、快速反應的戰情機制，乃至於「無形之形」的靈活組織，皆為企業在多變市場中構建持續競爭力的實用方法。

　　在這條從戰場到市場的思辨旅程中，我們看到，兵法不僅是權謀的藝術，更是管理的科學。它教我們謀勝於未戰，築勢於未亂。正如孫子所言：「勝兵先勝而後求戰，敗兵先戰而後求勝。」企業領導者的功課，從來就不是拚命出擊，而是如何鋪陳態勢、洞悉風向，最終在看似無形中掌握勝局。

　　這本書寫給所有身處不確定時代的領導者、策略規劃者與管理實踐者。我們希望，當你闔上這本書，不只是記住一套模型或案例，更能記得孫子兵法傳遞的那份理念：永遠不倚賴僥倖與熱情，而是仰賴洞察、規劃與節奏感。

　　願這本書成為你面對市場亂局時的一盞燈，協助你在混沌中，仍能謀定而後動，步步為營，終成大業。

第一章
決策的原點與競爭評估

第一節　五事七計：領導者的判斷基礎

孫子在〈始計篇〉中提出五事與七計，是戰前形勢評估與決策擬定的重要依據。這套結構性思考方式，不僅適用於軍事策略，也可成為企業管理者進行策略判斷的核心模型。五事為「道、天、地、將、法」，強調整體環境與內部條件的對應性；七計則是在比較敵我雙方之後，決定是否開戰與如何應對的實務方法，重視資訊的蒐集與優勢的判斷。

✦ 五事為體：管理決策的基礎準則

五事猶如企業的「管理體質」，不論處於何種產業或規模，均應以此為基礎建立治理架構：

道：願景與文化的共鳴

領導者需傳達一致的願景與價值觀，形成組織向心力。「道」的存在與否，決定了員工是否願意一同承擔風險、面對挑戰。在企業轉型時期，若組織文化與經營理念未能同步更新，往往會形成內部阻力。

天：掌握時機與趨勢

包括市場循環、產業熱潮、科技變革、政策動向等。在「天」的環節上，企業須敏銳掌握時代脈動，並有能力從外部環境中尋找「順勢而為」的契機。

地：優勢位置與資源布局

「地」指的是企業在供應鏈、地理、技術等資源配置上的有利條件。例如占據通路核心、掌握稀有技術、或靠近關鍵市場。

將：領導者的判斷與執行力

領導者的格局、策略視野、風險承擔與人格特質直接影響企業方向。五事中「將」為轉化策略為行動的樞紐，沒有強將，良策也難以實施。

法：制度與流程的標準化

企業的管理體制、考核獎懲、資源分配、危機應對等機制，皆屬於「法」的範疇。這些制度決定了組織是否具備穩定運作與調整彈性的能力。

◆ 七計為用：資訊整合與敵我比較

七計的核心在於「比較」。孫子說：「吾以此知勝負矣。」也就是說，勝負的關鍵，在於評估敵我雙方在上述五事的表現強弱：

1. 誰有「道」？
2. 誰能掌握「天」時？
3. 誰占據「地」利？

4. 誰的「將」更優？
5. 誰的「法」更嚴謹？
6. 兵眾是否充足？
7. 賞罰是否分明？

這些問題若能量化處理，即可構成策略會議中重要的競爭對手分析模板。例如，可以用評分制對敵我兩方在七項指標上進行打分，得出優勢指標，作為策略走向的依據。

在現代管理學中，七計對應的是「競爭情報」、「資源評比」與「策略定位」等分析方法。管理者需要資訊分析能力與敏銳洞察力，才能在眾多變數中分辨敵我優劣，做出有利判斷。

✦ 領導者的五種修煉：將之為本

在五事中，「將」是唯一以個人特質為核心的元素。孫子將「智、信、仁、勇、嚴」視為領導者應具備的五大特質，這與現代管理學的「轉換型領導」、「情境領導」等理論可互為印證。

1. 智：策略性思維與問題解決能力。
2. 信：建立信任與公信力，讓團隊安心。
3. 仁：關懷下屬與人性化管理，提升凝聚力。

4. 勇：面對不確定性時，敢於承擔與冒險。
5. 嚴：紀律與制度落實，確保執行不走樣。

這五項特質互為依存。一位智慧型領導者若無勇氣作決策，其策略也難發揮；仁慈而無紀律，只會造成執行鬆散。現代領導力訓練也強調「整合性格與情境」的重要性。

◆ 案例研究：微笑單車 YouBike 2.0 的策略擴展

自 2020 年臺北市全面升級為 YouBike 2.0 系統以來，微笑單車進入全臺各大城市，加速布局公共運輸補位角色。這項從「租賃」走向「城市生活平臺」的策略轉型，不僅展現了現代企業的變革智慧，也展現《孫子兵法》中「五事七計」的實踐。

道：YouBike 始終以「讓通勤更自由」為願景，貫徹「公共利益優先」的服務精神。透過資料驅動與生活便利的整合，贏得市民認同與政策支持，建立堅實的用戶信賴基礎。

天：在疫情後期、通勤模式轉變的時機下，YouBike 因應「短程移動」需求的增加，推動無感租借與即時查詢技術升級，搶占行動生活新趨勢。

地：選點策略從車站周邊、學區社區延伸到觀光地點與醫療院所周邊。以高使用頻率為依據，精準部署場域，使平臺成為城市微型動脈系統。

◇ 第一章　決策的原點與競爭評估

將：營運團隊以科技與社會共好為核心思維，領導者具備策略眼光與跨部門合作力，能在地政、交通、科技與社福之間有效協調、迅速應變。

法：微笑單車建立明確的資料標準、維運制度與回饋管道。從補助申請到故障回報系統均有明確流程，並能根據營運數據即時改善配置。

對照「七計」所提的敵我分析與戰略擬定，YouBike 在面對共享機車、個人電動代步工具與都市公車等競品時，選擇聚焦於「低成本、高可得性」的利基定位，不與電動運輸正面對打，而是成為其友善輔助。並以 API 整合交通卡、手機應用等服務進行「主動連結」，鞏固用戶習慣，創造切換成本與認同門檻。

此外，YouBike 亦積極掌握市府、警政、社區團體等利害關係人需求，以「合而不同」之姿爭取共識，避免激烈抗爭與政策變動風險。在策略擴展上，如導入兒童椅款式、調整資費計畫、推行與校園合作專案等，皆以「擊其虛處」為準則，從未被滿足的需求下手，以小搏大。

這一場 YouBike 2.0 的擴張戰，不單是一家企業的營運升級，更是一場集整合思維、精準判斷與策略彈性於一身的管理實戰。從「五事」體質建構，到「七計」策略部署，微笑單車提供了現代都市公共服務品牌運作的最佳榜樣。

✦ 管理啟示：從判斷體質到制定策略

「五事」是組織體質的展現，「七計」是判斷行動的決策邏輯。現代管理者若能將此兩者結合運用，不僅可提升策略規劃品質，更能在面對市場變動時精準做出應變：

評估體質，才不會「病體出征」；

知己知彼，才能謀定而後動；

領導者修煉，是轉型成功的起點；

資訊越透明，判斷就越精準；

分析敵我後，應學會「避其鋒芒，擊其虛處」。

從「五事七計」出發，企業不只是追求勝利，更是學習如何在局勢複雜下，靜觀其變、動中求穩，達成最終的長期競爭優勢。

◇ 第一章　決策的原點與競爭評估

第二節　SWOT 與 PEST：企業戰前的情勢分析

在孫子兵法的思維中，除了勇猛或武器，「謀定而後動」也是影響戰爭勝負的重要因素。現代企業面對市場競爭、科技變革與政治經濟不確定性的挑戰，更需要擁有系統性的環境分析工具。SWOT 分析與 PEST 分析正是當代企業用來判斷內外形勢、制定策略的重要方法，與《孫子兵法》中強調的「五事七計」觀念可謂不謀而合。

✦ SWOT 分析：企業內部與外部的對照式剖析

SWOT 為 Strengths（優勢）、Weaknesses（劣勢）、Opportunities（機會）與 Threats（威脅）之縮寫，協助企業整理出自身的核心條件與外在挑戰，進行策略布局前的整體評估。這套方法可對應〈始計〉中的「地」、「法」、「將」等要素。

優勢（Strengths）

指企業內部具備的競爭優勢，如技術專利、品牌聲譽、資金穩健、領導團隊堅強等。例如蘋果的設計能力與品牌忠誠度即為其長期競爭力基礎。

劣勢（Weaknesses）

是企業內部存在的問題與不足，如研發落後、人員流動率高、組織僵化、財務結構不穩等。若無法誠實面對並改善，將成為策略執行的隱患。

機會（Opportunities）

是來自外部環境的正向變化，如法規鬆綁、消費需求成長、新興科技出現等。企業應具備嗅覺，在變動中找到發展契機。

威脅（Threats）

則是外部可能對企業造成風險的因素，例如新晉競爭者、成本上升、顧客偏好改變、貿易摩擦等。有效的風險評估與應變計畫是必要對策。

◆ PEST 分析：從大環境檢視策略地圖

PEST 是分析政治（Political）、經濟（Economic）、社會（Social）與科技（Technological）等四大整體環境變因的方法，幫助企業掌握時局與趨勢，制定中長期策略方向。

政治（Political）

包括政府政策、法規、國際貿易協議、稅制改革等。例如臺商在選擇設廠地點時，需評估當地政治穩定性與政府對外商的態度。

經濟（Economic）

涉及經濟成長率、匯率、失業率、消費者購買力等。經濟環境將直接影響企業的營運成本與銷售表現。

社會（Social）

包括人口結構、教育水準、價值觀變遷、消費習慣等。這些因素將影響市場需求與品牌溝通策略。

科技（Technological）

科技創新速度、研發投資規模、數位轉型程度等，關係到企業是否能維持競爭優勢與產品更新速度。

PEST 可對應孫子兵法中的「天」與「地」兩項，即順應天時與因應地利。企業若無高遠視野，即使內部再強，也可能因誤判外部環境而失利。

✦ SWOT 與 PEST 整合運用的管理實務

實務上，企業策略單位常將 SWOT 與 PEST 分析結合使用。PEST 著重於環境變化的掃描，而 SWOT 則是企業本身的競爭力評估。透過兩者交叉分析，可形成「策略矩陣」，找出可行的策略方向。例如：

將「機會」與「優勢」結合，可形成進攻型策略；

將「劣勢」與「威脅」結合，應考慮防禦或撤退策略；

第二節　SWOT 與 PEST：企業戰前的情勢分析

當優勢對應威脅時，可採破壞式創新或轉型策略；

當劣勢對應機會時，須透過投資或重整提升體質。

此一架構，實為現代企業版的「五事七計」，使領導者能更具邏輯地整合主觀判斷與客觀事實。

案例研究：
雄獅旅遊如何在疫後重新評估情勢與定位策略

雄獅旅遊原本為臺灣最大的綜合旅行社之一，2020 年 COVID-19 爆發後，國際旅遊幾近全面停擺，面臨營收驟減的危機。然而，雄獅並未停留於等待解封，而是運用 SWOT 與 PEST 的策略工具，進行系統性情勢盤點與轉型規劃：

SWOT 分析：

優勢：具備完整供應鏈資源、品牌知名度高、資本結構穩健；

劣勢：過度依賴出境旅遊、數位能力較薄弱；

機會：國旅市場成長、民眾重新認識本地文化與體驗旅遊；

威脅：疫情反覆、同業競爭、政府補助有限。

PEST 分析：

政治：中央推動振興券與旅遊補助，利多發布；

◇ 第一章　決策的原點與競爭評估

經濟：民眾消費意願下降但對安全與品質重視上升；

社會：疫情後強調健康、安全、少人潮的小眾行程；

科技：導入數位地圖、行動客服與虛擬旅展，提升數位體驗。

基於上述分析，雄獅調整營運重心至國旅與企業 MICE（會議、獎勵旅遊），並強化數位轉型，推動線上導覽與影音內容行銷，成功在艱困中尋找新商機。

◆ 管理啟示：從兵法模型走向現代分析框架

從孫子的五事七計到當代的 SWOT 與 PEST，語境不同，但核心本質一致：策略不能僅憑直覺，需依據充分資訊與結構化的分析模型。

SWOT 幫助企業誠實面對自身優劣，建立基礎體質盤點；

PEST 讓企業不陷入「內視盲點」，建立環境敏感度；

分析工具只是手段，關鍵在於管理者的整合與判讀能力；

案例的成功來自於快速調整，而非僥倖等待環境改善；

現代企業若能將古今思維融合，將更具備策略上的主動性與防禦力。

企業如戰場，戰前的情勢分析決定了戰中能否機動應對與最終勝敗。

第三節　避免短視近利：策略規劃的長期布局

孫子在〈始計〉中強調謀定而後動，主張凡事必須預作評估與布局。對現代企業而言，這樣的思維正是長期策略的根基。許多企業在營運過程中容易落入短期業績追逐的陷阱，忽略了品牌價值、顧客關係與內部資源的累積與投資。這種短視近利的經營模式，不僅難以抵禦環境變化，還可能埋下企業長期發展的危機。

◆ 長期策略思維的必要性

企業的經營環境日益複雜，從技術創新、市場競爭到顧客需求變遷，皆需動態調整策略。然而，若缺乏長期方向與整體願景，企業便容易在戰術操作中迷失方向。長期策略思維具備以下幾個核心價值：

資源累積與投資報酬最佳化：許多資源如人才、研發、顧客關係等，都需長期經營才能發揮價值。

品牌建立與市場認知：強勢品牌非一日之功，需長年穩定經營與一致的價值傳達。

風險分散與可持續性管理：透過前瞻策略，企業得以避開單一市場或產品的依賴，建立多元抵禦風險的能力。

◇ 第一章　決策的原點與競爭評估

培養組織韌性與轉型能力：長期策略不僅看當下，更關注企業體質是否具備應對未知的變化與危機。

✦ 短期績效導向的風險

在資本市場壓力下，企業常為了追求財報數字的亮眼而犧牲長期布局，例如：

砍掉研發預算以提升當季毛利；

削減培訓與制度建設的成本；

犧牲產品品質或顧客體驗以求快速擴張。

這類行為短期看似帶來營收成長，實則會在顧客流失、員工士氣低落或品牌信任度崩盤時出現反噬效應。

策略管理中的「雙元能力」

根據策略學者詹姆斯・G・馬奇（James G. March）的研究，企業應同時具備「探索（exploration）」與「利用（exploitation）」的雙元能力：

探索意味著創新、冒險、開發新市場或新技術；

利用則是深化現有資源、提升效率與獲利。

長期策略需協助企業在兩者之間取得平衡：不能只著眼當下，也不能忽略現金流的穩健。以雙元策略為思維主軸，有助企業規劃「短中長期」三層次的發展藍圖。

◆ 長期布局的管理工具：願景圖譜與策略地圖

在管理實務上，常見的長期策略工具包括：

願景圖譜（Vision Mapping）：透過圖像化方式，清楚描繪企業五年或十年內的願景與價值定位。

策略地圖（Strategy Map）：平衡計分卡中的策略地圖，協助將願景拆解為可執行的財務、顧客、流程與學習成長四個面向。

未來情境模擬（Scenario Planning）：針對未來不同可能情境，建立彈性策略與預備計畫。

這些工具可協助企業領導階層對未來保持整體視野，不因短期波動而輕易改變方向。

◆ 案例研究：長榮航空如何以十年計畫逆轉體質

長榮航空在 2014 年進入虧損期，面臨油價波動、航線競爭與人事成本升高的壓力。長榮不只用成本削減應對，也啟動長達十年的策略重整計畫，包括：

更新機隊，引進省油機型如波音 787 系列，以降低長期營運成本；

投資數位化，如導入自助報到、線上客服與大數據票價分析；

◇ 第一章　決策的原點與競爭評估

聚焦高端客層與企業旅客,提升平均客單價與服務滿意度;

發展貨運業務,降低對客運的單一依賴。

這些策略雖無法即時改善財報表現,卻為其在 2020 年 COVID-19 爆發時保留強大韌性。疫情初期,長榮即能靠貨運部門維持營收並彈性調整航班,甚至在 2021 年轉虧為盈,成為少數能在疫情中逆勢成長的國際航空公司。

✦ 管理啟示:立基當下,瞄準未來

企業在策略規劃上,應避免「只見樹木、不見森林」的視野限制。從長榮航空的經驗可以看出:

長期策略未必即時見效,但能提升組織韌性與抗壓性;

領導者須有「慢就是快」的格局思維,懂得布局耐性;

經營者若一味追逐短期數據,可能錯失結構轉型良機;

組織文化須配合長期願景,才能確保計畫落地;

長期策略非靜態文件,而是持續修正的動態藍圖。

孫子云:「故善戰者,能為不可勝,不能使敵之必可勝」這句話提醒我們,企業應將可控的因素穩定建構,如體質、文化、系統與品牌,掌握策略主動權,方能在變動環境中掌握致勝關鍵。

第四節　判斷時機與資源：制定勝算比百分比更重要

孫子在〈始計篇〉中提到：「知可以戰與不可以戰者勝。」這句話透露一項核心策略思維——明智的將領並非追求無謂的征戰，而是懂得選擇有勝算的戰局。對於現代企業而言，這樣的精神體現在「時機」與「資源」的正確判斷，而非一味追求理論上的勝率或百分比。企業策略不能套公式，要掌握動態判斷與資源配置的藝術。

◆ 「可勝之勢」與「可行之機」：時機優於數據

企業制定策略時，若一味依賴靜態數字與歷史平均值，極可能忽略環境的動態變化與時間敏感性。孫子所說「勝可知，而不可為也。」，意指勝利是靠可創造的條件，而不是等待自然降臨。

在實務上，市場時機（market timing）常常比技術條件來得重要。產品創新若提前於市場接受度，可能無人問津；若落後對手，即使技術再好也喪失先機。因此，時機的判斷成為企業策略設計中最敏銳的挑戰。

此外，時機亦關乎於「內部準備」與「外部條件」是否同步到位。若資源未整備，貿然進場反成敗因；若外部尚未成

◇ 第一章　決策的原點與競爭評估

熟，投入過深反而消耗實力。成功的策略來自於準備好後，抓準那個短暫卻關鍵的破口出擊。

✦ 資源的動員與集中原則

孫子強調：「兵貴勝，不貴久。」意即以最少的代價取得最大勝果。企業在資源有限情況下，須懂得選擇集中與配置。這與管理學中的「關鍵資源管理」概念相互呼應。

有效的資源調度需考慮三個層次：

資源的流動性：可否快速由一單位移轉至另一單位？

資源的互補性：某些資源（如資料與人才）是否能在多項業務上產生加乘效果？

資源的時效性：若資源具有時間性價值（如廣告預算、採購訂單），是否可在最佳時間釋放？

企業若能根據這三項原則，設計出靈活且具戰術彈性的資源配置模型，就能在競爭激烈時保有應變餘裕。

✦ 管理上的「期中決策」與「動態調整」

策略規劃不能只是期初的靜態計畫，而應具備期中修正與滾動更新能力。這在新創企業與快速變動產業尤為重要。許多創投公司會要求創業團隊每季提出「策略回顧報告」，確認現有策略是否仍有效，是否需進行微調甚至撤退。

第四節　判斷時機與資源：制定勝算比百分比更重要

這種機制讓決策不再依賴「勝算比」，而是依據實際條件動態調整。如孫子所述：「形兵之極，至於無形；無形，則深間不能窺，智者不能謀。」企業策略應如水之無形，能隨勢而變，並保持不可預測性。

 案例研究：
大同公司轉型中的時機拿捏與資源聚焦

臺灣百年企業大同公司，曾長期面臨產業轉型遲緩、財務壓力與經營權爭奪等問題。然而，2020 年後由新團隊接手，展開一連串策略調整，其成敗關鍵即在於對時機的掌握與資源的重新集中。

新經營團隊並未急於進入當時炙手可熱的科技題材（如 AI、元宇宙等），而是針對既有優勢業務──電力設備、綠能、不動產──進行盤點與改良。他們觀察到「能源轉型」正是中長期趨勢，並非短期風口，因此選擇耐心投入智慧電網、儲能系統與太陽光電市場等業務，逐步重建大同品牌與資產價值。

更關鍵的是，他們沒有貿然重啟家電品牌，而是等待時機，在品牌重新獲得信任與資本市場穩定後，才考慮資源再投入，顯示其對時機與資源調度的高敏感度。

029

◇ 第一章　決策的原點與競爭評估

✦ 管理啟示：從勝算評估到判時聚勢

在現代企業決策中，過度依賴數位模型與「勝率模擬」，可能導致失真。企業應轉向以下幾點進行策略升級：

將勝算定義為「可行性」與「時機點」的交集，而非理論機率；

資源調度需動態管理，建立滾動式預算與調整機制；

策略應以戰場動態為基礎，擁有快速收縮與突圍的彈性；

領導人要具備「看破風口」的判斷力，而非一窩蜂跟風；

成功的策略不在「投入多寡」，而在於「對的時候做對的事」。

孫子講求「勢」與「形」的轉化關係，現代管理者亦應懂得讀懂勢能的變化，並在最佳時機、以最有利資源，推動組織行動。這樣的策略思維，遠勝於盲信百分比與預測模型，因為真正的勝利，來自對時與勢的深刻洞察。

第五節　台積電的先進製程賭注：精準決策的實戰案例

《孫子兵法》強調「知彼知己，百戰不殆」，「勝兵先勝而後戰，敗兵先戰而後求勝」點出策略思維的核心 —— 預判與布局。在現代高科技產業中，這樣的思維被台積電演繹得淋漓盡致。特別是在先進製程的推進過程中，台積電展現出非凡的前瞻決策力與資源統籌能力，其所面對的不僅是技術挑戰，更是市場時機與風險承擔的綜合賭局。

◆ 技術領先的策略背後：不只是研發

一般認為台積電的競爭力來自技術領先，但實際上，其先進製程的推動，背後是一場資本、人力、生產鏈整合與客戶關係的高風險策略遊戲。先進製程不僅需要數百億美元的支出，還要超前對市場需求進行判讀。

這與孫子的「先勝後戰」原則如出一轍：先掌握技術與客戶需求的走向，再決定是否進入戰場。台積電從不貿然進入新節點製程，而是在有明確應用方向與客戶需求承諾的前提下，才進行資源重押。

◇ 第一章　決策的原點與競爭評估

✦ 決策時機的掌握：從 5 奈米到 2 奈米

台積電的 3 奈米與 2 奈米製程投入時間遠早於市場需求爆發。例如，當蘋果尚未公開其 M 系列晶片計畫時，台積電已開始布建 3 奈米生產線；當 AI 應用尚處於萌芽期時，台積電已為未來高效能運算市場預做準備。

這種策略上的「超前部署」，其本質不是賭運氣，而是建立在對整體科技生態與終端需求的敏銳觀察與高度整合能力。例如觀察到 AI、車用晶片、5G 基站對高效能與低功耗需求的日益提升，進而提前投入。

✦ 資源整合的總體戰力

推動先進製程並非單靠研發部門即可完成，而是整個公司層級的策略統籌工程。從廠房建設、設備採購、產線設計、供應商協調，到人才儲備，每一步皆需長期資源投注與跨部門協同。

這也與孫子所謂「將、法、地、天、道」五事相對應。台積電的成功在於高層決策「將」的遠見，執行機制「法」的穩固，地理布局「地」的全球網絡（臺南、竹科、美國亞利桑那、日本熊本），天時判讀的敏銳，以及與客戶如蘋果、超微間「道」的價值共識。

第五節　台積電的先進製程賭注：精準決策的實戰案例

◆ 案例研究：與蘋果共生的高風險信任關係

蘋果是台積電最大的客戶之一，其晶片每一次世代交替幾乎都與台積電先進製程同步上線。蘋果的產品上市節奏嚴格，一旦製程延誤，將導致整個供應鏈錯位。

台積電與蘋果之間的合作，建立在高度信任與協同規劃基礎上。台積電敢於大舉投資 3 奈米，某種程度上是建立在蘋果未來產品線與訂單承諾的預期上。這種合作關係本身即為孫子所說「道」的體現──上下同心，與客戶形成價值共同體，而非單純的買賣關係。

◆ 管理啟示：敢押未來，但非盲目賭局

台積電的先進製程發展之所以成功，並非憑一時豪賭，而是結合了以下幾個管理原則：

超前部署的成功來自情報整合：市場、客戶、科技三方洞察相互交織，構成判斷基礎；

資源重壓需有風險共擔對象：與策略客戶協作分散風險；

全公司一體作戰，非部門孤軍：橫向整合是大規模執行的根本；

價值觀與信任是最強護城河：與客戶建立長期策略夥伴關係；

◇第一章　決策的原點與競爭評估

　　動態評估與備案機制不可或缺：即便押注成功，也需設想意外情境。

　　正如孫子所言：「非利不動，非得不用，非危不戰。」台積電之所以能成為全球半導體霸主，正因其每一次製程決策，都不是基於趨勢焦點，而是精準的形勢判讀與嚴謹的資源評估。這種從「勝兵」視角出發的企業策略，也為當代管理者提供深具啟發性的思維模型。

第二章
資源調度與成本思維

◇ 第二章　資源調度與成本思維

第一節　資源有限時的決戰場景思考

《孫子兵法》在〈作戰篇〉開頭便指出：「用兵之法，十則圍之，五則攻之，倍則分之。」這是兵力配置的規律，更是關於「資源相對優勢」的運用之道。現代企業在資源有限的情況下，往往面臨類似的戰場選擇：如何在資本、人力、時間與技術皆不足以面面俱到的情形中，精準地選擇主戰場並集中火力突破？這正是當代經理人必須面對的策略難題。

◆ 有限資源下的致勝機制：集中與突破

孫子所言「兵之情主速，乘人之不及，由不虞之道，攻其所不戒也」，意味著面對資源不足時，不求全面開戰，而應以局部突破、快速出擊為主。這種策略正對應管理學中的「焦點集中策略」（Focus Strategy）與「破壞式創新」（Disruptive Innovation）。

當企業資源有限時，應謹記以下三個原則：

選擇性進場：不求打開全市場，而應精準瞄準最具破口的區段，如利基市場、邊緣需求、痛點問題等。

資源聚焦：將有限的資源集中於單一產品、單一客戶族群或單一地區，以放大槓桿效果。

時間差優勢：搶先一步推出產品或服務，藉由時間優勢搶占顧客心智與市場份額。

這樣的戰術安排雖不求全面勝利，卻能以有限資源贏得階段性優勢，為企業創造後續滾動發展的機會。

◆ 管理學的資源基礎觀點（RBV）

在策略管理領域，資源基礎觀點（Resource-Based View）認為，企業競爭優勢的核心不在於外部機會，而在於能否有效識別、運用與強化內部資源。這些資源可分為：

有形資源：如資本、設備、實體店面、供應鏈；

無形資源：如品牌聲譽、專利技術、數據資產；

組織資源：如管理制度、員工能力、企業文化。

RBV 強調企業應以自身最具價值、稀有、難模仿與不可替代的資源為基礎設計競爭策略，與孫子強調「避實擊虛」的戰法十分契合：在自己最有優勢的地方發起突擊。

◆ 戰場選擇的行動邏輯：優勢 - 障礙矩陣

企業可使用「優勢 - 障礙矩陣」做為資源配置思考模型：

位置	優勢高／障礙低	優勢高／障礙高	優勢低／障礙低	優勢低／障礙高
策略	優先切入	試探布局	延後考慮	避免投入

◇ 第二章　資源調度與成本思維

透過此矩陣，企業可清楚判斷哪些市場最適合當前資源條件，減少盲目開戰的風險。

案例研究：Airbnb 如何用有限資源突破住宿市場

Airbnb 於 2008 年創立時僅有三位創辦人與一筆極為有限的創業資金，面對當時已有 Booking.com、Expedia 等大型平臺壟斷住宿市場，他們無法正面交鋒，只能另闢蹊徑。他們採取三項致勝策略：

選擇性進場：一開始只在設計展期間鎖定舊金山與特定觀展族群，找出市場真空；

資源聚焦：集中改善房東拍照與敘述品質，形成差異化；

時間差策略：趁大型飯店無暇應對短期展會住宿缺口時，迅速建立口碑。

這樣的資源配置方式，符合孫子「十則圍之、五則攻之、倍則分之」的原則，成功從縫隙中建立平臺生態系統，逐步擴張為全球住宿巨擘。

◆ 管理啟示：以小搏大的現代布局法

孫子兵法提供現代企業一種資源劣勢中的致勝思維：

量力而為不等於放棄，反而更需精算勝機；

第一節　資源有限時的決戰場景思考

「聚焦一點」比「廣撒網」更能提升資源效率；

切入市場的時機與地點選擇，往往決定成功與否；

先求立足，再逐步擴張，長短結合，形成彈性戰力；

策略不是追求全面勝利，而是持續創造優勢局面。

當企業面對資源不足的現實限制，若能以孫子的策略思維結合現代資源管理模型，不僅能從夾縫中殺出一條血路，還能成為新局勢的創造者。下一節將進一步探討企業如何透過時間與成本的精準換算，掌握效率權衡的核心機制。

◇第二章　資源調度與成本思維

第二節　成本與時間的交換：管理中的「效率權衡」

孫子兵法在〈作戰篇〉中揭示：「兵久而國利者，未之有也。故兵聞拙速，未睹巧之久也。」這段話強調了戰爭拖延會造成巨大的社會與資源消耗，因此應追求快速取勝、精準行動。這個觀點對於現代企業的管理尤其切中要害——時間與成本常常無法同時兼顧，而決策者須在效率與支出之間找到最佳交換點，才能達成最合理的「效率權衡」。

◆ 什麼是效率權衡？

效率權衡（Efficiency Trade-off）是指企業在達成目標過程中，為了節省時間可能需多付出成本，反之為了節省成本則可能拉長時程。這是一種不可避免的交換關係。

例如：

為加快產品上市，可外包開發流程，但會增加費用；

為降低預算，選擇內部慢慢開發，但產品上市時間延遲，可能錯失先機。

這種取捨關係正如孫子所言：「兵久而國利者，未之有也。」在管理上，即是提醒領導人不能只追求省錢或加快，而要綜合判斷最終效果。

◆ 成本、時間與品質的三角關係

管理學中有一個經典模型:「專案管理三角」(Project Management Triangle),指出時間、成本與品質三者之間呈現牽制關係:

縮短時間→成本上升或品質下降;

降低成本→時間拉長或品質下降;

提高品質→需增加成本或時間。

這三者之間的平衡,需根據不同任務目標、客戶期待與市場壓力做出調整。若企業沒有主動評估效率權衡,常會陷入「既要快又要好還要省」的矛盾幻想,導致專案失敗或組織過勞。

◆ 決策前的評估模型:效益分析矩陣

企業可以設計「效率權衡評估矩陣」,以幫助團隊在不同選項之間進行量化比較:

選項	成本等級	時間要求	品質標準	綜合效益
A	高	短	高	★★★★☆
B	中	中	中	★★★☆☆
C	低	長	高	★★☆☆☆

這種簡易表格能清楚呈現每個方案的優劣組合,並針對業務優先順位給出合理建議。例如產品開發初期以時間為重,選 A 方案;但若是品質主導型服務,選 C 方案也可行。

◇第二章　資源調度與成本思維

◆ 案例研究：摩斯漢堡的「慢中求快」策略

臺灣摩斯漢堡自進軍市場以來，即以「現點現做」為品牌特色，與速食業普遍追求極速供餐有所區隔。這項策略看似拉長製作時間，違背效率原則，卻在效率權衡中找到了獨特平衡。

時間成本：比速食龍頭如麥當勞、肯德基慢上2至3分鐘；

營運成本：需要更多廚房人力與準備流程；

品質感知：顧客願意等待，因為認為現做代表新鮮與健康；

此外，摩斯針對上班族需求推出預訂與提前取餐 App，讓顧客「排隊前完成點餐」，成功透過數位工具彌補時間損耗，達到「表面慢、實際快」的競爭優勢。

◆ 管理啟示：做對選擇比做快選擇更重要

孫子兵法強調「利而誘之，亂而取之」，在策略上不是拼速度，而是看穿對方節奏，找出最有利的攻擊時機。這同樣適用於現代管理的效率權衡概念：

效率不是速度本身，而是目標達成的最短路徑；

節省成本可能增加風險，需計算後續效應；

高品質不一定是最快，但可能是最能建立品牌信任的方式；

第二節　成本與時間的交換：管理中的「效率權衡」

管理者應訓練團隊理解「取捨」而非一味追求全面最佳；

應用數位工具提升彈性，是化解時間與成本衝突的關鍵。

在管理中，「效率權衡」不只是成本管控術語，更是一種策略思維。能否掌握這種取捨的藝術，決定了企業是否能在資源有限與時機緊迫的情況下，仍穩穩推進核心任務，這正是作戰篇中「攻其所不備、乘其不及」的最佳現代演繹。

◇ 第二章　資源調度與成本思維

第三節　快速反應機制的建立

〈作戰篇〉中指出：「故兵聞拙速，未睹巧之久也。」這句話說明，行軍打仗中寧可快速應變、決斷果斷，也不要一味求精卻遲遲未動。此一思想，對現代企業而言正是建立快速反應機制的根本原則。面對瞬息萬變的市場、技術更新與顧客偏好，只有具備快速反應能力的組織，才能有效抵禦外部風險並爭取先機。

✦ 為什麼現代企業需要快速反應機制？

現今企業所處的環境具備以下特徵：

資訊流動速度快：市場消息幾小時內即可翻轉顧客信任或股票價格。

顧客期待快速回應：客訴、產品異常、行銷活動需即時回應，否則即失顧客信任。

供應鏈與物流波動大：疫情、戰爭、原物料短缺等會導致日常營運中斷。

社群擴散效應高：一則負評可能在數小時內擴及數萬人，無回應即被定罪。

因此，建立快速反應機制不僅關乎效率，更是企業韌性與競爭力的象徵。

✦ 快速反應機制的三個核心層面

根據企業應變流程設計，快速反應可從以下三個層面架構：

資訊通報與感知層（Sensing）

需建立即時監控機制，包括顧客回饋、媒體追蹤、社群聆聽等工具。

資訊透明度與通報頻率是判斷是否能「知敵之動」的根本。

決策授權與合作層（Deciding）

必須打破階層過多導致遲滯的流程，授權第一線有決斷權。

應設立緊急應變會議機制，跨部門可於一小時內集結並做決策。

行動執行與修正層（Acting）

重點是擁有「能動的團隊」與「模組化執行」能力。

系統須設有回饋循環，執行後即刻檢討、修正，形成學習機制。

◇ 第二章　資源調度與成本思維

✦ 實務工具：戰情室與行動演練

企業可採用以下實務工具來落實快速反應機制：

戰情室（War Room）制度：即針對特定危機（如資安事件、產品召回）設立跨部門臨時指揮中心，集中資訊流與指令流。

行動演練（Simulation Drill）：預先設計情境，演練部門反應流程與交接節點，以找出流程斷點。

預案模板（Playbook）：針對重複性風險（如斷電、員工確診）建立 SOP 模板，減少判斷時間。

✦ 案例研究：全聯福利中心的疫情反應機制

2020 年 COVID-19 疫情爆發期間，全聯福利中心成為國內最早完成全通路防疫配置的大型通路之一。面對突如其來的社會封控、消費者搶購與物流壓力，全聯展現出強大的快速反應能力。

資訊感知層：疫情初期即組成「防疫工作小組」，蒐集衛福部與地方政府指令，並即時通報各區門市。

決策層級扁平：各區經理可根據地區疫情即刻調整營業時間與入場規則，毋須總部逐案批准。

行動層支援：物流中心延長運作時間、成立臨時通道支援熱門商品補貨；同時推出自有 App 中無接觸付款與線上訂單分流。

此番迅速反應不僅穩住業績，亦強化品牌信任，使全聯成為疫情中最被消費者依賴的實體零售商之一。

◆ 管理啟示：反應力即是生存力

孫子說：「善戰者，致人而不致於人。」能主動反應，而非被動處理，才能掌握戰局。在現代管理語境中，這代表以下五個啟示：

反應機制不能臨時拼湊，需制度化、常態化；

第一線的回報與授權機制決定反應速度上限；

技術與資訊系統是速度的加速器，但不能取代人判斷；

「犯錯→修正→再行動」的循環要嵌入組織文化中；

預演、沙盤推演與情境模擬是提升反應能力的常規訓練。

快速反應不是倉促行事，而是有備而來、行動果斷的智慧。就如孟子所強調：「雖有智慧，不如乘勢；雖有鎡基，不如待時。」若能建立穩健靈敏的反應機制，企業便能在混亂中保持秩序，在動盪中把握轉機。

◇第二章　資源調度與成本思維

第四節　如何設計高效的專案運行路徑

儒家經典有云:「凡事豫則立,不豫則廢。」此理念與《孫子兵法》中強調的「先為不可勝,以待敵之可勝」不謀而合。專案管理正是企業執行策略的核心手段,而專案執行是否高效,往往決定任務的成敗。在現代企業中,專案通常涉及跨部門合作、資源重分配與高時效壓力。面對這些挑戰,如何設計一條兼具靈活性與效率的專案執行路徑,成為每位管理者必修的功課。

◆ 專案運行的關鍵三要素:流程、節奏與合作

流程清晰:如孫子兵法所強調的「令素行以教其民」,組織應透過明確標準化流程,讓每一位專案參與者都清楚自身任務、節點與責任。

節奏適中:兵貴神速,但現代專案不可倉促上馬。節奏控制需依任務複雜度與風險進行彈性編排。

跨部門合作:將軍之職「知士卒之情」,現代管理者必須了解部門差異與目標落差,透過流程對齊機制降低內耗。

高效專案路徑的設計方法：
逆向規劃與工作分解結構

逆向規劃（Backward Planning）：從最終交付時間往前推算各階段里程碑，適用於固定期限的產品上市、活動舉辦等專案。

工作分解結構（Work Breakdown Structure）：將任務分割為可量測的關鍵節點，每一節點配合 KPI 與責任單位，形成可追蹤的進度網。

兩種方法可視專案類型交互使用，以兼顧靈活性與可控性。

專案管理系統與視覺化工具的應用

現代高效專案執行離不開數位工具輔助：

甘特圖（Gantt Chart）：視覺化時間安排與任務重疊，適合大型建設、工程型專案。

看板管理（Kanban）：可隨時調整優先順序，靈活反應進度異動，常用於軟體開發與行銷部門。

OKR 結合專案排程：將組織目標（Objectives）對應至各小組專案，確保方向一致。

這些工具不僅提升溝通效率，更能強化對專案進度的透明掌握，避免資訊斷層導致延誤。

◇ 第二章　資源調度與成本思維

案例研究：
信義房屋的專案導入機制與高效執行力

信義房屋在推行 ESG 轉型與數位創新專案過程中，展示出高度整合與高效執行力。他們在推動「無紙化交易」、「永續住宅平臺」等專案時，採用如下機制：

明確節點：所有專案皆以三個月為週期進行分階段滾動修正，強化節奏掌控；

標準化流程：從研發、法務到業務端皆依 SOP 操作，減少跨部門認知落差；

數位管理工具：導入專案管理平臺 Asana，並由中高階主管每週檢視節點進度與資源使用率；

專案主導權前移：讓一線業務夥伴參與前期專案設計，提升實務接地性與執行可行性。

此一結構讓信義得以在疫情與法令變動頻繁下，仍維持穩定推案與顧客滿意度。

◆ 管理啟示：策略目標與執行流程的橋接術

專案不是獨立任務，而是組織策略的運行引擎。如何讓策略落地、任務不偏離目標？以下是五項設計高效專案執行路徑的關鍵指引：

第四節　如何設計高效的專案運行路徑

目標明確但方法彈性，才不會窒礙創新；

節奏有章可循，但須預留調整空間；

節點設計須可量測，責任單位要可追責；

高階領導者要適時參與節點討論，不可放任或干涉過深；

建立透明公開的追蹤平臺，讓整體執行節奏人人可見。

正如孫子所言：「未戰而廟算勝者，得算多也；未戰而廟算不勝者，得算少也。」專案之成敗在於前期規劃的細緻與執行路徑的明確。能否設計出一條既穩又快的執行之道，是管理者能否勝任「主帥」角色的終極考驗。

◇第二章　資源調度與成本思維

第五節　執行與回收之間的資源平衡

孫子兵法〈作戰篇〉有言：「兵久而國利者，未之有也。」這句話提醒我們，軍事行動若拖延過久，將會導致資源耗損與國力衰退。對現代企業而言，這正呼應了專案執行過程中資源投入與產出之間的平衡原則。執行不只是啟動與推動，更關乎資源的動態配置與回收效率。企業若無法有效控管投入資源並設計回收節點，專案極可能淪為「執行過度」或「回收無門」的災難。

◆ 專案資源生命週期：從啟動到回收的路徑

一個專案的資源生命週期大致可分為五個階段：

前置投入期：含企畫、設計、市場研究等初期準備；

密集執行期：為最消耗資源的時段，包含人力、預算、技術；

評估修正期：根據初步成果進行調整，預防持續性資源浪費；

產出回收期：將成果轉化為營收、品牌資產或客戶價值；

後續維運期：視資源回收狀況，決定是否延續、精簡或終止專案。

第五節　執行與回收之間的資源平衡

企業若未明確劃分這些階段並設計對應的資源回收機制，將可能出現「重投入、弱產出」的風險。

◆ 執行過度的管理盲點

許多企業在執行階段投入龐大資源，但忽略「回收期」的設計。例如：

系統建置完成後無人操作維護；

行銷活動結束後未做成果歸檔與經驗分享；

商品開發成功卻無有效通路變現。

這些現象導致企業看似「動得很快」，但實質上在資源效率上產生大量流失。正如兵法中所警告：「多算勝者，勝於算少者。」缺乏全盤盤算，只是盲目衝刺。

◆ 回收設計的三種模式

成果貨幣化（Monetization）：將專案成果轉化為直接營收，如新產品上市後的銷售；

知識內化（Knowledge Capture）：即使專案失敗，也透過經驗萃取與案例建檔提升組織智慧；

平臺化再利用（Reusability）：將既有成果轉為模組，應用於其他專案或部門，如共用後臺、資料庫、流程設計。

這三種模式若能並行設計，則每一分資源皆有其價值出口。

◇ 第二章　資源調度與成本思維

✦ 案例研究：Pinkoi 的資源回收與模組平臺策略

臺灣設計電商平臺 Pinkoi 在擴展東南亞市場初期，投入大量資源於翻譯、物流串接與當地客服。但為避免執行失控，他們設計了「模組平臺化策略」：

前置規劃期：將東南亞多地語系需求整合為一套模組語言系統，避免日後重工；

執行期：針對當地用戶行為設計 A/B 測試，控制行銷與推廣預算比例；

回收期：開發出一套「跨境賣家工具」，提供其他設計品牌使用，並作為新營收來源；

維運期：將客服系統整合為多語一頁式模板，統一培訓流程，提升維運效率。

這樣的資源配置邏輯，讓 Pinkoi 不僅成功打入海外市場，也因其模組思維提升內部資源重複使用效率。

✦ 管理啟示：執行與回收是一體兩面

「戰爭的目的不只是擊敗敵人，更在於如何最大化戰果、最小化己方消耗。」孫子提醒我們，行動必須有所得。應用於企業管理，即是：

執行前即要設想如何回收，而非等任務完成後才思考產出；

每筆資源投入都應配有預期回收指標與時間表；

失敗專案也可透過知識化達成資源轉換，而非全然損失；

平臺化、模組化是當代資源再利用的核心方法；

回收期不只是評估績效，更是下輪策略布局的起點。

執行力雖是組織競爭力象徵，但若缺乏對應的資源回收策略，終將陷入資源的黑洞。正如孫子不斷強調「取利」與「節戰」的平衡，現代企業亦需學會從每一次行動中取得合理回報，方能持續為下一戰儲備戰力。

◇ 第二章　資源調度與成本思維

第六節　SpaceX 如何以極低成本進軍太空市場

　　孫子兵法〈作戰篇〉有言：「故智將務食於敵，食敵一鍾，當吾二十鍾；」此句強調取敵之利，以戰養戰。換言之，資源應盡可能來自外部、降低本方消耗。這樣的思想在現代企業界的最佳實例，便是 SpaceX 如何以遠低於傳統航太企業的成本進軍太空市場。其策略核心在於徹底重構航太產業鏈、技術自製率提升、模組化設計思維與商業模型創新，展現出資源運用與成本控制的極致智慧。

✦ 傳統航太與 SpaceX 的成本差距

　　傳統航太公司如波音、洛克希德‧馬丁長期仰賴美國政府的預算與大型國防專案支持，研發流程封閉、決策層繁冗、零組件外包嚴重，導致單次發射成本高達數億美元。與此對照，SpaceX 在 2015 年時便將一枚獵鷹 9 號的發射費用壓低至約 6 千萬美元，甚至可因為火箭回收再使用，使得成本進一步下降至 5 千萬美元以下，幾乎是傳統系統的一半甚至三分之一。

　　這樣的顛覆性差異背後，是一連串資源效率與營運創新的組合。

第六節　SpaceX 如何以極低成本進軍太空市場

◆ 降低成本的核心策略

垂直整合與內部製造

SpaceX 不依賴外部供應商，而選擇自己製造超過 85% 的零件，包括引擎、控制系統與火箭殼體，減少交易成本與時間延誤。

模組化設計與重複使用

「獵鷹」系列火箭設計上具有模組化結構，核心部件可共用與重組；尤其火箭第一節的回收再使用，使得每次發射不再是一次性耗損。

自建火箭與發射平臺

SpaceX 在德州與加州興建自有發射基地與試驗場，減少租用成本與行政干擾，也提升測試與調整的靈活性。

商業訂單為主的資金策略

相較於美國太空總署（NASA）仰賴政府年度預算撥款以維持其運作與研發任務，SpaceX 則透過發展商業化太空服務模式，將衛星發射、國際太空站（ISS）補給任務與自建「星鏈」（Starlink）衛星網路等多元業務作為營收來源，不僅有效分散風險，更建立起穩定且可擴張的現金流基礎。

◇ 第二章　資源調度與成本思維

✦ 成本結構重塑的組織文化支持

馬斯克（Elon Musk）於 2002 年創立 SpaceX 時便提出目標：「讓人類成為多星球物種」。此一宏願雖聽來理想化，卻激勵整體團隊以終極目標推動日常營運效率。

工程導向決策：高階管理層由工程背景主導，強調數據與迭代優先。

容錯容失文化：允許在測試過程中發生爆炸與錯誤，視為學習過程，而非阻礙；

快速原型與短週期驗證：新技術常於數週內完成第一版本，並投入實測，在失敗中前進。

此一文化，正呼應孫子兵法中強調的「先勝後戰」邏輯：非為戰而戰，而是建立具備勝算的條件後才出手。

✦ 案例成果

2010 年，SpaceX 成為全球第一家能將貨物送達太空並返回地球的私人公司；

2020 年成功執行 Crew Dragon 載人任務，象徵其技術與成本控制已獲 NASA 信任；

2023 年，SpaceX 全年執行近 90 次火箭發射，成本仍低於業界平均，顯示其規模經濟已發酵。

第六節　SpaceX 如何以極低成本進軍太空市場

> **管理啟示：**
> **成本思維不只是節流，更是創造結構效率**

從 SpaceX 的策略可以看到，真正的成本優勢並非單靠削減預算或人事，而是從源頭改造流程與設計思維：

內部製造強化控制力，並減少不確定因素；

設計上的模組化，提升重複使用與迭代速度；

預算的自籌機制，讓資源使用更具彈性與導向性；

文化上的試錯容忍，使創新不再綁手綁腳；

對目標的明確感與終局思維，是支撐所有成本控制的根本動能。

馬斯克的「低成本、高強度」策略，正是孫子「用兵之法，以利動之」的現代演繹。企業若能從 SpaceX 的經驗中學習，將有機會在資源極限中創造遠超平均值的突破性成果，真正做到「以少勝多、以巧制勝」。

◇第二章　資源調度與成本思維

第三章
策略制定與競爭管理

◇第三章　策略制定與競爭管理

第一節　不戰而屈人之兵：商業競爭的最高境界

孫子兵法〈謀攻篇〉開宗明義：「上兵伐謀，其次伐交，其次伐兵，其下攻城。」此言揭示了策略的層次與智慧——最高境界並非靠武力取勝，而是透過謀略使敵人自動臣服，達成「不戰而屈人之兵」。對現代企業來說，這正是策略思維的極致目標：透過價值建構、心理優勢、顧客忠誠與產業地位，讓對手在尚未交鋒時已喪失意志。

✦ 競爭的形式不在表面，而在認知場域

商業競爭常被誤解為價格戰、市占率衝突或廣告預算拉鋸。然而，真正的競爭場域並不在戰場，而是在「認知」。消費者對品牌的好感、股東對企業的信任、供應商對合作關係的預期，都是企業競爭優勢的隱形資產。

這種「認知主導型競爭」的特徵包括：

占據顧客心智：如 iPhone 等品牌，即使規格非最強，仍居市場領先；

設定遊戲規則：如微軟過去透過作業系統預載制度，讓競爭者難以介入；

形成價值共同體：如特斯拉以用戶社群與持股員工文化抵禦傳統車廠對抗；

這些方式讓企業即使未與對手正面交鋒，便已取得優勢，達到「不戰而勝」的商業態勢。

◆ 策略的非對稱思維：從硬碰硬到曲線取勝

孫子指出「知彼知己，百戰不殆」，但更強調「勝兵先勝而後求戰」。也就是說，策略應先求確立優勢，再選擇交戰條件，而非硬碰硬。這種非對稱的策略應用在商業世界中，常見以下幾種形式：

價值鏈壓迫戰法：不與對手競爭產品，而是改變上下游結構，例如亞馬遜直接建倉儲系統取代零售商；

定義問題方式：將市場定義重構，使原有競爭者無用武之地，如 Airbnb 將旅宿定義為「在地生活體驗」而非「飯店空間」；

社會或政策槓桿：如部分企業透過 ESG、永續金融標準制定，設定進入門檻，排除競爭者。

這些都是屬於「謀攻」等級的策略設計，而非僅靠硬實力或價格競爭取勝。

第三章　策略制定與競爭管理

✦ 案例研究：Lexus 如何擊潰德國車廠而不宣戰

1989 年，豐田推出 Lexus 品牌進軍美國高級車市場，當時德國車廠 BMW、Mercedes-Benz 幾乎壟斷該層消費端。Lexus 未直接宣稱性能凌駕，亦未與德系品牌進行廣告戰，而是採取「不戰而勝」策略：

產品定位重新定義：不以速度或賽道為主，而以寧靜性、可靠性與顧客服務為核心賣點；

通路體驗大幅提升：強化展示間體驗、售後維修透明與高端接待流程，提升情感認同感；

價格策略低調進場：相較於德國車偏高定價，Lexus 以相同配備開出更親民價格，讓消費者理性選擇時產生「物超所值」的認知；

結果在推出後三年內即打進北美前十大豪華車品牌行列，更迫使德國車廠進行服務改革與產品調整，Lexus 成為最早用「不競爭的方式」重構市場規則的亞洲品牌之一。

▍管理啟示：
讓對手無法出手，就是最高級的策略

「攻心為上，攻城為下；心戰為上，兵戰為下。」將這樣的策略智慧應用在現代企業中，有幾個核心行動指引：

第一節　不戰而屈人之兵：商業競爭的最高境界

先定義問題，再定義競爭方式：不要被動接招，而是主動改變競爭場域定義；

用體驗打敗數據，用價值取代價格：讓顧客從關係出發做選擇，而非功能對比；

建立多邊信任關係網：顧客、員工、供應商、社會一體相連，形成「社會性優勢堡壘」；

競爭的核心在於影響力，不在聲量大小：讓對手「無從應對」，才是真正贏家；

策略的最高境界，是讓競爭變得無意義：企業獨特性強大到市場不再需要比較，形成難以模仿的心理高地。

「不戰而屈人之兵」不是消極避戰，而是積極創造一個讓戰爭不再必要的局面。對現代管理者而言，真正的競爭力來自格局的超越與策略的深謀遠慮。如能從「謀攻」出發，就能在亂局中創造優勢，在未戰時已立於不敗之地。

第二節　五力分析：
競爭者、供應商與替代品的布局戰

孫子在〈謀攻篇〉中指出：「知可以戰與不可以戰者勝。」此句揭示策略規劃的核心不在於是否出手，而在於洞察整體局勢，判斷出手與否的條件。在現代企業管理中，麥可・波特（Michael E. Porter）提出的「五力分析模型」便是一種有效判讀產業結構、辨識策略利基與危機點的框架。透過此分析工具，企業不僅能預判威脅，還能布局於關鍵力量之上，化敵為友、轉守為攻。

◆ 五力模型的結構與策略意涵

波特的五力分析模型由五種產業競爭力量構成：

現有競爭者的強度：評估市場中的直接對手數量、產品差異化與市場成長空間；

新進入者的威脅：觀察進入障礙、規模經濟、品牌忠誠度與法規限制等；

替代品的威脅：思考消費者是否有非傳統選項，如紙本書 vs 電子書、計程車 vs Uber；

供應商的議價能力：掌握原物料、關鍵技術或服務提供者是否可控制價格與條件；

第二節　五力分析：競爭者、供應商與替代品的布局戰

顧客的議價能力：評估顧客數量、轉換成本與資訊對稱程度對企業談判力的影響。

透過這五力的綜合分析，企業可理解整體市場壓力，據以制定攻守策略。

◆ 孫子兵法中的「勢」與五力之呼應

五力模型雖出自管理學，但其內核與孫子的兵勢理論相通：

競爭者之力如「正兵」，需衡量彼此實力與正面衝突可行性；

供應商與顧客如「援兵」與「糧道」，掌握其則立，失之則潰；

替代品如「奇兵」，往往在企業未設防時給予重創；

新進入者則似「間諜之道」，善於出奇不意、迅速崛起，擾亂既有陣型。

企業若僅見目前敵人（競爭者）而不察其餘四力，即如軍隊僅備正面而忽略側翼與後方，形同裸戰。

◆ 五力分析與策略制定的交集應用

五力分析並非靜態檢驗工具，而是動態決策的基礎，應配合策略選擇執行：

◇ 第三章　策略制定與競爭管理

　　若現有競爭激烈：可考慮差異化策略，或聚焦利基市場避開正面對決；

　　若供應商議價力強：可開發替代供應商或採取垂直整合；

　　若替代品崛起：可從顧客需求重新設計產品定義與價值傳遞方式；

　　若顧客掌握談判權：應強化品牌忠誠、打造切換成本。

　　這些應變方式都反映了孫子強調的「因敵制勝」，即順勢操作，而非逆勢而為。

案例研究：
全家便利商店如何運用五力分析重新定位策略

　　面對7-ELEVEN長期在臺灣便利商店市場占據超過4成，全家便利商店（FamilyMart）一度陷入「價格打不過、通路比不過、品牌弱勢」的困境。然而，該企業從2015年起，運用五力分析思維重構自身策略路徑，並逐步逆轉市場定位。

　　降低供應商依賴：原本多數商品由統一超集團系統供應，全家重啟自有物流與中央廚房計畫，提升自主權；

　　提升顧客黏著度：透過「全家會員App」、「集點活動」、「預購平臺」等方式打造生態系，降低顧客轉換意願；

　　創造產品差異化以對抗替代品：推出私房商品、主題店（如日系甜點屋），營造文化差異；

藉由布局地點避開正面對抗：選擇人口密集但 7-ELEVEN 密度相對較低區域，強化地區型經營策略；

防範新進入者風險：與地區加盟主簽訂長期合作條款，降低其他品牌挖角或搶地盤風險。

此一五力布局策略，使全家在 2015 至 2023 年間市占率穩定成長，獲得品牌與營運雙重改善。

✦ 管理啟示：知勢者勝，非徒論兵力之多寡

企業經營不是單純的「敵強我弱」論，而是「勢成則勝」的格局判斷。從五力分析切入，能讓管理者：

看見表面競爭下的結構壓力與系統性風險；

針對五力中最脆弱者提前布局，以補短強鏈；

在無法主動出擊時採側面戰法，如孫子所言「避其鋒，擊其虛」；

策略非選最強戰場，而是選「最可能勝」之處；

結構的敏銳度，遠比行動的衝勁更能決定勝敗。

正如孫子說：「善戰者，求之於勢，不責於人。」五力模型提供的是一種策略思考力。企業若能由此識勢、應變、造局，自能在變局中穩操勝券。

◇ 第三章　策略制定與競爭管理

第三節　品牌策略與定位的核心思維

孫子兵法〈謀攻篇〉強調：「知彼知己，百戰不殆。」然而在當代品牌策略中，真正的「知彼」不僅是了解競爭者，更是洞察顧客的感知與期待；而「知己」則是對自身品牌價值、文化與資源的深刻掌握。品牌不是標誌、廣告或形象，而是一場長期策略的實踐，是讓顧客在茫茫選擇中始終回頭的力量。

品牌定位的本質：認知戰與意義建構

現代品牌定位的核心，不在於產品本身，而在於顧客心智中的「位置」與「意義」。品牌定位（Brand Positioning）即是讓顧客對某品牌產生獨特、可記憶且具差異性的心理認知。

品牌定位的三大原則如下：

明確性（Clarity）：定位語言與主張必須清楚、可辨識，避免模糊地帶；

一致性（Consistency）：品牌在各接觸點表現需保持一致，包括廣告、門市、社群、客服等；

關聯性（Relevance）：品牌價值需與目標顧客的生活關聯密切，並能回應其需求或渴望。

這些原則構成品牌的認知結構，若能有效建立，則能提升品牌的溢價能力、顧客忠誠度與抗風險性。

第三節　品牌策略與定位的核心思維

◆ 孫子兵法的品牌啟示：形勢、勢能與「不戰而勝」

品牌是策略工程。正如孫子所言：「勝兵先勝而後求戰。」品牌的勝利，常在推出產品前就已奠定，例如：

文化認同感的建立：如蘋果透過簡約美學與創新象徵成為「創作者的標誌」，使品牌脫離單純功能性競爭；

社會意義的掛鉤：如 Patagonia 將品牌與環境永續掛鉤，吸引價值認同型消費者；

語言主導與類別創造：如 Dyson 不僅銷售吸塵器，更重新定義「無葉風扇」與「智慧居家科技」類別。

這些策略與孫子兵法中的「謀」、「勢」、「形」概念高度契合，皆強調在看不見的戰場中先行布陣，以無形勝有形。

◆ 定位的四種競爭策略

根據現代品牌學者的分類，品牌定位常見以下幾種策略：

功能優勢型：強調產品性能與技術，如 Intel 的處理器速度訴求；

情感連結型：建立品牌與消費者情緒關係，如可口可樂強調快樂與分享；

◇ 第三章　策略制定與競爭管理

價值主張型：連結社會價值，如 The Body Shop 關懷動物實驗議題；

生活風格型：成為某類生活態度象徵，如 Nike 代表不妥協的運動精神。

選擇哪種策略，需回到品牌的資源、目標顧客與競爭態勢，才能落實有效品牌定位。

◆ 案例研究：義美食品的品牌定位重建

臺灣本土食品品牌「義美」原為傳統糕餅與奶製品品牌，1990 年代因市場競爭與食安風險浮現，面臨品牌老化危機。但自 2011 年起，義美透過一系列品牌重塑工程，成功建立起「安心食品」的品牌形象，策略包含：

從功能到價值的轉移：不再僅訴求口感與價格，而是強調無添加、原料溯源與食品良心；

語言設計的轉變：「我不添加」成為品牌溝通主軸，簡明而具有情緒感染力；

通路與內容結合：創建義美超市，讓顧客直接體驗「可控食品鏈」的承諾，並透過官網與社群教育消費者食品知識；

危機時主動出擊：在食安風暴期間，義美率先公布檢驗報告並挑戰黑心業者，反而強化其誠信形象。

這些策略讓義美在十年間從區域食品商蛻變為全臺安心食品的象徵,並成功吸引年輕族群與家庭客群。

管理啟示:
品牌不是說服,而是成為意義的代名詞

孫子說:「勝可知,而不可為也。」意思是成功是創造出來的機會,而非等待的奇蹟。品牌亦然,若無主動建構意義,只會淪為被比較與價格競爭的對象。

品牌必須先內化於文化,才能外化為價值;

定位不是填空,而是提問:顧客為何需要我?

每一次與顧客的互動都是再一次定位的實踐;

品牌強度不是聲量大小,而是被想起的頻率與被信任的深度;

能在顧客心中形成意義鏈條的品牌,才能長久占據高地。

「品牌策略」的終極目標,是讓消費者無需再三比較、無需深度理解,便自然選擇你。這不僅是定位的勝利,更是策略思維的極致表現。

◇第三章　策略制定與競爭管理

第四節　當合作比對抗更有效：策略聯盟與合縱連橫

孫子兵法〈謀攻篇〉指出：「不戰而屈人之兵，善之善者也。」若進一步解釋此言於現代企業競爭之道，便是：不必每次都與競爭者正面衝突，反而應善用外部資源與策略夥伴，達成雙贏局勢。在此脈絡下，「策略聯盟」與「合縱連橫」成為企業應對複雜市場、避免資源重疊與加速市場滲透的有效策略。

✦ 合作的戰略價值：遠勝獨鬥的效率戰

企業在面對競爭與成長壓力時，若一味擴張容易面臨資源緊繃、管理複雜與市場飽和等風險。此時，策略聯盟能有效解決以下問題：

資源互補：將不同企業的核心能力組合，例如技術與通路、市場與研發等；

市場滲透：快速進入陌生市場，藉由當地夥伴加速信任建立；

風險分攤：新技術、新市場往往風險高，合作可共同分攤投資與失敗風險；

第四節　當合作比對抗更有效：策略聯盟與合縱連橫

競爭降溫：透過策略合作，將對手轉為夥伴，避免價格戰。

這些效益讓策略聯盟不再只是資源結合的工具，更是戰略思維的延伸。

◆ 合縱連橫的管理詮釋：重建權力與資源網絡

「合縱連橫」原為戰國時代縱橫家的外交戰略，即不同國家透過聯盟形成對抗強敵的策略。在企業界，其精神即為「資源整合」與「勢力平衡」：

合縱：即橫向整合，與相同或相近產業鏈夥伴合作，強化市場防禦力；

連橫：即縱向串連，與上下游夥伴、甚至競爭對手形成策略結盟，重塑供應鏈關係。

此種「非線性結盟」思維使企業不必僅在本業尋求突破，而是跨界、跨業、跨市場進行配置，如同孫子所說：「兵以詐立，以利動。」利用組合策略動態取利，勝過單打獨鬥的消耗戰。

◆ 合作策略的三大設計原則

目標一致但利益獨立：合作雙方需擁有共同戰略目標，如進軍市場、推廣標準等，但財務結構與品牌主權保持獨立；

◇ 第三章　策略制定與競爭管理

　　界線清楚但具備彈性：合作分工需明確，避免責任模糊，但留有調整空間應對外部變局；

　　制度設計防弊避重疊：包含利潤分配、知識產權、資料共享、退出機制等設計，防範合作變競爭。

　　唯有在制度成熟、信任穩定與價值清晰的前提下，策略聯盟才可能達成真正的「不戰之勝」。

◆ 案例研究：臺灣大哥大與 LINE 的策略聯盟實踐

　　臺灣大哥大與 LINE 臺灣於 2020 年啟動深度策略聯盟，雙方非單純商業合作，而是建立了資源整合型平臺關係：

　　資源互補：臺灣大哥大提供 5G 網路技術與用戶數據，LINE 則提供社群平臺與內容入口；

　　共同開發服務：雙方合作推出「MyVideo」串流、行動支付 LINE Pay 聯名計畫，以及企業行銷雲端整合方案；

　　聯合品牌行銷：LINE 角色與臺灣大哥大產品交叉曝光，強化雙方年輕族群滲透率；

　　平臺化整合：建構以通訊、影音、支付、雲端為核心的數位生態系，抗衡國際平臺壟斷勢力（如 Meta、Google 等）。

　　此一策略聯盟不僅讓雙方快速擴展市場與提升顧客黏著，也藉由平臺整合抵禦產業巨頭壓力，展現合縱連橫的現代化應用。

第四節　當合作比對抗更有效：策略聯盟與合縱連橫

> **管理啟示：**
> **同盟是戰略的乘法，不是資源的加法**

孫子強調：「善戰者致人而不致於人。」透過結盟布局掌握主動，而非被動防禦，是策略家的真智慧。在現代競爭格局中，企業若能掌握以下幾點，將更能有效應用合縱連橫策略：

策略聯盟是一種主動布局，不是面對弱勢的求援；

合作要有明確目標與設計，避免情感主導決策；

動態評估與退出機制是聯盟長久關鍵；

跨領域合作可創造價值重組空間，形成新產業定位；

聯盟不是消滅競爭，而是重組競爭規則。

合縱連橫是現代企業競爭新戰法。懂得善用聯盟之道的企業，不需每戰皆勝，卻能在不戰中立於不敗。

◇ 第三章 策略制定與競爭管理

第五節　多品牌多市場的布局邏輯

孫子兵法〈謀攻篇〉提到:「故善用兵者,屈人之兵而非戰也。」意即明智的軍事策略,不在於每一場戰役皆主動出擊,而在於運籌帷幄、分散風險、擴展勢能。對應至現代企業經營,「多品牌多市場」便是實踐此一戰略哲學的最佳方式。企業透過差異化品牌與市場區隔,不僅能避免內部資源過度集中,更可藉由市場分布達成風險控管與價值擴張。

◆ 多品牌策略的核心思維:差異化與避碰定位

品牌管理學者尚·諾埃爾·凱費洛(Jean-Noël Kapferer)指出:「品牌組合的成功,來自於它們的差異性與互補性,而非類似性與重複性。」多品牌策略的實施,需掌握下列三項原則:

市場區隔清晰:不同品牌對應不同消費者輪廓與需求動機,避免重疊競爭;

品牌角色明確:每一品牌在集團中皆有其戰略任務,例如主力品牌、實驗品牌、區域品牌等;

資源配置分層:避免過度內耗,品牌之間資源共享但不干擾彼此定位。

此種布局讓企業得以在不同市場線上同時出招,如同孫子所言「形人而我無形」,敵難測而己易控。

第五節　多品牌多市場的布局邏輯

◆ 多市場經營的風險分散與增益擴張

多市場策略，則著眼於地域、文化、產業特性的差異化經營。其意義不僅在於「增加據點」，更在於策略適應力的提升：

市場風險對沖：若某區域政治、經濟或法規風險升高，其他市場可補強收入穩定性；

文化與需求學習：跨市場經營能累積多元消費行為知識，反哺產品設計與品牌溝通能力；

規模經濟累積：營運系統一旦建立，跨區複製可迅速攤平固定成本，提升獲利彈性。

如同孫子強調「形人而我無形，則我專而敵分。我專為一，敵分為十，是以十攻其一也，則我眾而敵寡。」，將市場拆解後再整合，是擴張與控制之間的平衡技藝。

◆ 案例研究：統一企業的多品牌多市場布局

統一企業作為臺灣最大綜合食品與零售集團，其品牌組合與市場布局策略堪稱典範。該集團不僅在臺灣擁有數十項品牌，更於中國、日本、東南亞與美國等地進行廣泛市場拓展，策略包含：

多品牌實踐：包括統一麵、開喜烏龍茶、統一布丁、統一冰紅茶、21世紀和臺灣星巴克等針對不同年齡層、消費場景與價格區間設計品牌結構；

◇ 第三章　策略制定與競爭管理

子品牌延伸：如以「茶裏王」進軍茶市場、「貝納頌」搶攻高端咖啡風味族群，透過產品線延伸穩住類別龍頭地位；

海外市場投資：於中國建立工廠與品牌子公司，如「統一老壇酸菜牛肉麵」切合當地口味；於日本與 Sapporo 集團合資經營甜品品牌；東南亞市場則導入臺式泡麵與飲品文化，形成文化輸出；

品牌靈活授權：針對某些區域採授權經營與合資模式，減少當地政策與管理風險。

透過上述多品牌與多市場組合，統一企業即使在某些市場面臨競爭壓力，仍可維持整體營收成長動能與品牌市佔力道。

◆ 管理啟示：分進合擊、局部勝利的戰略綜效

企業經營如戰爭，單點突破雖可速效，但布局與合擊才能長期制勝。

多品牌不是數量累加，而是結構化布局；

多市場不等於遍地開花，要選擇最具策略價值之地；

品牌之間須具任務分工與差異任務，避免「內鬥式競爭」；

市場擴張需兼顧當地文化與營運模式，非一套公式打天下；

結構複雜化後，應建立明確的品牌架構圖與監控機制。

第五節　多品牌多市場的布局邏輯

企業若能掌握多品牌多市場的邏輯與節奏，將能於變動市場中立於不敗，形成如孫子所言「不可測、不可敗、不可制」的競爭態勢。

◇ 第三章　策略制定與競爭管理

第六節　Netflix 打敗百視達的策略設計與落地過程

　　孫子兵法〈謀攻篇〉有言：「上兵伐謀，其次伐交，其次伐兵，其下攻城。」最上乘的戰略是破壞對手的計謀，而非直接攻城奪地。Netflix 在與百視達（Blockbuster）的競爭中，正是憑藉一套高明的策略設計與落地操作，不戰而屈人之兵，顛覆整個影音租賃與串流產業結構，寫下現代企業競爭策略的經典案例。

◆ 百視達的優勢與盲點：傳統龍頭的脆弱基礎

　　百視達在 1990 年代末期是全球最大影音租賃連鎖品牌，門市超過 9,000 間，市值超過 50 億美元。然而，其模式高度依賴實體門市、庫存管理與「逾期費收取」等營運設計。這些優勢在數位時代反而成為沉重包袱。

　　百視達的盲點主要有：

　　過度依賴逾期費為營收主力：顧客觀感差，成為口碑致命傷；

　　未預見數位轉型趨勢：輕忽線上訂閱與 DVD 郵寄模式的潛力；

第六節　Netflix 打敗百視達的策略設計與落地過程

內部創新阻力大：管理層過於依賴傳統營收結構，對轉型提案反應遲緩。

這些因素使百視達無法靈活應變，面對新型態對手時反應遲滯。

◆ Netflix 策略設計的關鍵轉折

Netflix 於 1997 年成立，初期採用線上訂購、郵寄 DVD 的商業模式，避開實體通路的高成本。其策略設計歷經三大轉折：

遞送模式創新：以「無逾期費」與「訂閱制」為核心，顛覆傳統租片習慣，提升顧客體驗；

數位化布局提前啟動：自 2007 年起推動串流平臺建設，在頻寬仍有限的年代即布局未來主戰場；

內容自主權策略：2013 年自製影集《紙牌屋》獲成功後，擴大原創內容投資，建立平臺唯一性與不可取代性。

這些策略使 Netflix 從 DVD 郵寄業者蛻變為全球影視生態的主導者。

◆ 策略落地的組織與技術後勤支援

Netflix 的成功並非策略構想而已，更來自其執行面精密設計：

資料驅動文化：從客戶觀看行為、喜好標籤、退租原因等蒐集龐大資料，強化推薦與內容開發精準度；

敏捷式組織架構：採扁平管理，快速試錯與決策，符合孫子所言「先勝而後求戰」的準備思維；

技術平臺建設：投入大量資源於雲端運算與內容傳遞網路（CDN），確保用戶體驗穩定流暢。

這些基礎設施成為 Netflix 策略轉型的核心驅動力，也讓對手難以複製其競爭優勢。

✦ 案例成果

Netflix 於 2010 年市值首次超越百視達；2013 年百視達關閉最後一間門市宣告破產。而 Netflix 於 2020 年市值已達超過 2000 億美元，並擁有 2 億以上訂閱用戶。

此案例顯示：

策略轉型需提早啟動、持續調整；

顧客體驗改良是改變產業規則的關鍵武器；

資料與內容雙軌策略建構不可取代性，形成人才、資本與顧客的網路效應。

第六節　Netflix 打敗百視達的策略設計與落地過程

> **管理啟示：**
> **決定競爭輸贏的不是對手，而是自己**

百視達的失敗與 Netflix 的成功，不是單純「舊被新取代」，而是策略與執行的根本差異。

競爭不是比大小，而是比敏捷與洞察力；

成功的策略來自對未來趨勢的提早介入與布局；

破壞式創新須搭配組織文化與技術資源的同步演進；

顧客體驗若長期被忽略，品牌將失去核心價值；

策略設計如孫子所言：「先為不可勝」，落地才是勝負分水嶺。

Netflix 並未直接挑戰百視達的核心市場，而是重塑觀眾觀看與消費模式，完成一場「非對稱戰爭」。此為「謀攻」的現代實踐範例，也是商戰中真正致勝的內功展現。

◇第三章　策略制定與競爭管理

第四章
穩定體制與組織設計

◇ 第四章　穩定體制與組織設計

第一節　強組織、不亂陣：如何建構有效能的組織架構

孫子兵法〈軍形篇〉開宗明義指出：「善守者，藏於九地之下；善攻者，動於九天之上。」兵形未動而勢已成，是策略部署的極致境界。對現代企業而言，這種態勢的鋪排，正體現在組織架構的設計與運作效率之中。一個好的組織結構不僅是人力分工的表象，更是策略意圖、資源配置、責任鏈條與溝通節奏的總體反映。強組織，才能不亂陣；穩架構，方可應萬變。

✦ 組織架構的三重意涵：分工、協同與文化

現代組織架構的設計不只是分配職位，更包含下列三個核心面向：

分工明確：每一單位、每一職能、每一角色，需對應具體任務與價值產出。

協同高效：不同部門之間的邊界設計需利於資訊流通與資源共享，而非製造內耗與盲點。

文化展現：架構應是企業價值觀的延伸，例如重創新者會採扁平式設計，重效率者則傾向流程導向。

第一節　強組織、不亂陣：如何建構有效能的組織架構

這三項應相輔相成、動態調整。企業若僅重視表面階層劃分，忽略內在協作機制與文化相容性，組織就像看似堅固卻內部空洞的陣型，易受敵襲崩解。

✦ 組織設計的四種典型模型

依據學術文獻與實務案例，常見的組織架構模型包含以下四種：

功能式組織（Functional Structure）：依據職能分組（如行銷、人資、研發），效率高但跨部門合作弱。

事業部式組織（Divisional Structure）：依據產品、地區或客群劃分，利於資源自主與市場導向，但易產生重複投入。

矩陣式組織（Matrix Structure）：結合功能與專案雙軌指揮，有彈性但需高度協調力。

流程式組織（Process-based Structure）：以顧客旅程或核心流程為軸，強調端對端整合，但需文化成熟度支撐。

選擇哪種結構應視企業成長階段、市場挑戰與文化底蘊而定，無標準答案，只有合適與否。

✦ 從兵法邏輯設計組織陣型

孫子認為「形兵之極，至於無形」，好的軍隊無需依靠固定的隊列，關鍵在於隨敵變化、因時制宜。同樣地，現代組

089

◇ 第四章　穩定體制與組織設計

織應該具有以下幾種彈性特徵：

模組化單位：將組織劃分為具獨立目標與支援能力的小單位，如產品團隊或任務小組；

彈性指揮系統：在日常中維持常規結構，遇專案或危機時可啟動跨部門戰情小組；

資訊回流管道：建立橫向情報網，如內部社群、即時通報機制，縮短回饋距離。

這些設計，使得組織如同軍形中的「無陣之陣」，可隨任務變化而自我調整配置與節奏。

✦ 案例研究：日月光的跨事業整合與組織再設計

日月光半導體是全球最大封裝測試廠，面對技術分化、市場快速擴張與產線複雜化挑戰，自 2017 年起展開一連串組織再設計工程：

從功能部轉為事業群模式：將先進封裝、測試、材料等部門改為獨立營運單元，各自擁有研發、財務、人資功能，強化客戶對應力。

導入流程型架構：針對高端製程導入垂直流程管理，如 CoWoS 與 Fan-Out 封裝流程，由技術團隊主導跨部門協作。

建立戰情指揮機制：對於突發訂單或客戶抱怨，啟動 24 小時內應變小組，由專案經理跨部門調動資源因應。

第一節　強組織、不亂陣：如何建構有效能的組織架構

這些架構上的重構,使得日月光能在晶圓代工業者下壓毛利之際,透過高階封裝提升附加價值,穩居產業龍頭地位。

◆ 管理啟示：組織設計是一門動態戰術

回到孫子兵法的思維,兵形不只是靜態編制,而是一種因勢制宜、隨敵演化的智慧。對現代企業來說,組織架構不是一紙圖表,而是以下幾項管理意涵：

結構是策略的延伸,組織設計須服務目標導向；

良好的組織應具備彈性,而非僅追求穩定；

跨部門流通與邊界模糊是未來組織競爭力關鍵；

每次專案執行都是一次對組織設計的壓力測試；

應定期檢視「形」是否仍適合「勢」,並據以調整。

企業能否建構強健不亂的組織系統,決定了面對市場風雨時是「步伐整齊」還是「各自為政」。真正的強組織,從來不是權力集中或層級森嚴,而是系統有序、責任明確、反應靈敏與文化相容的有機體。治理的本質,不在規模,而在有序。

◇第四章　穩定體制與組織設計

第二節　由靜制動：組織穩定性與風險控制

孫子兵法〈兵勢〉言：「治眾如治寡，分數是也；鬥眾如鬥寡，形名是也；三軍之眾，可使必受敵而無敗者，奇正是也。」意即兵法之道，在於秩序井然、佈陣有法，而非人數多寡。轉化到現代組織治理中，企業若要在風雲變幻的市場中取得主導權，就必須先在「靜」的時候完成穩定體制與風險預防的布陣，而非等到風暴來襲才倉促應變。這種「由靜制動」的管理哲學，正是組織長期韌性的關鍵基礎。

組織穩定性的重要性：非成長時期的真正競爭力

在快速變遷的環境下，許多企業過度關注於創新與成長，但忽略了維持內部秩序與運行穩定的必要性。穩定性不等於停滯，而是為動態變革提供可預測的基礎。

組織穩定性可從三個層面體現：

制度穩定：公司治理規範、人資政策、財務管理標準化，讓組織具備抗震能力；

流程穩定：營運流程標準化、資訊流順暢、決策路徑清楚，減少突發錯誤與人治干擾；

第二節　由靜制動：組織穩定性與風險控制

文化穩定：組織價值與行為準則一致，讓內部成員在變局中仍能自我校準。

這三者猶如企業的「骨架」、「血脈」與「神經」，共同維繫企業在風險前的應對能力。

◆ 風險控制：從回應災難到預防崩解的進化

風險控制（Risk Control）不應局限於危機處理，而是一種結構性設計，目的是減少系統性風險累積。有效的風險控制機制應包含：

識別風險來源：包括財務風險、營運風險、法遵風險、聲譽風險與人力風險；

風險分級與預警系統：建立由高到低的風險指標矩陣，透過量化數據預測與即時預警；

責任清楚的應變流程：危機發生時能迅速調動責任人與資源進行止血處理；

事後回饋與修正系統：災後分析與制度改進，避免同樣問題重複發生。

這種預先布陣、強化底盤的風控邏輯，正是孫子兵法中「不戰而勝」的現代翻版。

◇ 第四章　穩定體制與組織設計

✦ 案例研究：玉山銀行的風控文化與制度建構

玉山銀行被譽為臺灣最穩健的金融機構之一，其在組織穩定與風險控制方面的制度化設計，提供一個成熟企業如何由「靜」制「動」的典範。

制度設計層面：玉山從董事會結構到稽核制度皆高度透明，建立「風險監控委員會」，將風控納入最高決策機制；

流程自動化與標準化：運用 AI 系統自動判讀客戶信用風險等級，將風險初審流程電子化、模組化；

文化層面：內部強調「風險意識即核心價值」，所有單位員工皆需接受風控訓練，並納入年度績效；

應變機制：針對突發如疫情、法規變動等，設有「情境模擬」流程，提前設想多種劇本與對應方案。

管理啟示：
由靜制動，是「不變中應萬變」的關鍵

如孫子所說：「不可勝在己，可勝在敵。」企業能否不敗，來自於內部的準備是否穩固，而非市場給予多少機會。穩定是一種力量，風控是一種智慧。

穩定性是變局中最稀缺的競爭資本；

風險控制不是危機時才用，而是日常制度與文化的一部分；

第二節　由靜制動：組織穩定性與風險控制

所有部門皆應有風控 KPI，並與策略目標一致；

「靜」不是不動，而是「有備而動」，是戰略動能的蓄積期；

企業唯有在無事時備好多事之策，方能在多事中守住大局。

從孫子兵法中汲取智慧，我們理解穩定與風控不是保守，而是對變動世界最深刻的理解。企業如能「由靜制動」，則無論風向如何變動，都能掌握節奏、伺機而起。

◇ 第四章　穩定體制與組織設計

第三節　指揮權與職責：現代管理的授權之道

孫子兵法〈謀攻篇〉有言：「夫將者，國之輔也；輔周則國必強。」意即軍隊的將領不僅是執行命令者，更是整個國家權力與穩定的支柱。換言之，將領的授權與職責安排，攸關全軍運作與戰局成敗。回到現代企業組織之中，如何設計有效的指揮權限系統、界定清楚的職責分工，並建立彈性的授權架構，是每一個管理者的核心修煉。

◆ 指揮與授權的現代詮釋：從管控到信任的轉型

傳統的管理觀念中，權力集中是效率的保證，指揮線越單純越有效率。然而隨著企業規模擴大、專案運作普及與知識工作者興起，現代管理學已逐漸由「控制」轉向「授權」。授權（Delegation）不僅是將工作分派出去，更是一種賦予責任與信任的過程。

有效的授權包含三大核心要素：

目標清晰：主管需明確交付任務內容、期望成果與衡量標準；

責任對等：權力與責任對稱，避免有責無權或反之；

資源賦能：被授權者須有足夠資源（資訊、人力、預算）以完成任務，並享有調整空間。

缺乏這三要素的授權，不僅無效，更容易讓下屬陷入無所適從、責任模糊的困境。

✦ 職責分明：組織高效的神經系統

孫子說：「形兵之極，至於無形；無形則深間不能窺，智者不能謀。」真正高效的軍隊，在外看來無可察覺，因為內部分工明確、有序流轉，不必倚賴個人臨場反應。同理，現代組織也需建立以下職責設計機制：

職責矩陣：用 RACI 模型（負責 Responsible、最終決定 Accountable、諮詢 Consulted、通知 Informed）界定每一任務中每個人的角色；

組織手冊與職位說明：標準化各部門角色、決策權限、報告關係與考核方式；

任務導向的彈性機制：在專案制中設置明確的專案負責人與資源窗口，避免「團隊無主」的現象。

這些制度安排不僅能提升執行效率，更能避免內部推諉與重複，讓組織運作如軍陣，步調一致、反應迅速。

第四章　穩定體制與組織設計

案例研究：
長庚醫療體系的層級管理與授權實踐

長庚醫療體系是臺灣最大的醫療集團之一，現於臺灣境內設有 7 間醫院、1 間診所、4 間護理之家；除了直營醫療院所之外也受委託經營高雄市立鳳山醫院與新北市立土城醫院。面對龐大體系、數萬名員工與高風險決策場域，長庚在指揮與授權上的設計極具代表性：

院區分層管理：總院設有總執行長辦公室負責策略方向，各院區院長具實質營運決策權，可針對當地情況自主應對；

醫療決策授權：以主治醫師為責任單位，賦予其高度診療自主權，但同時建有嚴謹的醫療指引與交互審查機制；

跨科系資源協作平臺：針對重大手術與整合性醫療，成立多專科決策小組，權力由「上而下」轉為「橫向協商」；

醫護分工標準化：每一職級醫護人員職責明確，從醫檢師、護理師到行政後勤，各有流程與執行 SOP。

長庚醫院藉由這套清晰且富彈性的指揮權設計，在疫情與突發公共衛生事件中展現出極高的應變力與穩定性。

第三節　指揮權與職責：現代管理的授權之道

> **管理啟示：**
> **將領強不強，決定組織的反應速度與方向**

兵貴神速，若將領無能或職責不明，即使兵強馬壯亦難發揮戰力。回到管理實務上，指揮與職責設計不僅影響效率，更形塑組織文化與責任感。

授權不代表放手，而是設定邊界與支援框架；

有效的職責分配可讓組織在無需頻繁討論下自動運轉；

扁平與層級並非對立，而是依任務性質選擇適配架構；

授權需配合人才培育與信任建立，否則將變成風險漏洞；

指揮體系穩健、職責界線清楚，方能實現「臨戰不亂、變局有序」的管理韌性。

從孫子兵法中可見，指揮權設計不只是控制系統，而是一種動態的策略工具。當今企業若能善用現代授權之道，不僅能激發團隊潛力，更能在混亂市場中率先反應，掌握勝機。

◇第四章　穩定體制與組織設計

第四節　能力建構與流程標準化

孫子兵法〈虛實篇〉指出：「故形人而我無形，則我專而敵分；我專為一，敵分為十，是以十攻其一也。」這段話強調的是集中戰力、避免資源分散的戰略原則。回到組織經營管理中，企業若無明確的能力建構機制與流程標準化制度，將導致資源重疊、執行力分散與團隊效能失衡。相反地，若能精準建構核心能力並建立標準作業程序（SOP），便能以少勝多、快速複製、穩健擴張。

✦ 能力建構：從個人知識到組織資產的轉化

現代企業常將人才視為核心競爭力，但真正能支撐企業成長與永續發展的，並非個別英雄式的能力，而是制度化的人才培育與能力轉移機制。能力建構（Capability Building）意指將知識、技術、經驗透過結構化方式轉化為組織可重複使用的資產。

企業進行能力建構時，應注意以下幾個重點：

辨識關鍵能力：聚焦於與企業價值鏈最密切相關的能力，例如顧客服務、研發創新、供應鏈管理等；

建立能力模組：將能力拆解為明確技能、知識與行為表現指標，方便培訓與評量；

能力內嵌制度：透過內訓、導師制度、實戰專案等方式，讓能力不斷累積於組織層級；

建立知識分享平臺：如內部資料庫、論壇、知識庫等系統化工具，讓學習經驗可以跨部門流通。

這樣的設計才能讓組織不依賴個別明星員工，而是透過集體記憶與結構化知識持續演進。

◆ 流程標準化：效率、品質與複製力的核心基礎

流程標準化（Process Standardization）是指將關鍵業務活動與作業方式以固定步驟與規範形式記錄，並推廣至組織各層。標準化並不意味僵化，而是一種在穩定中追求改進的機制。

標準化流程的四大價值如下：

效率提升：減少摸索與錯誤時間，提升任務完成速度；

品質一致：不同部門或不同地點能產出相同標準成果，維持品牌形象；

可複製性：企業擴張時可迅速套用標準流程，降低教育成本；

風險控管：透過標準化設計預防性控制點，降低人為錯誤與合規風險。

◇ 第四章　穩定體制與組織設計

如孫子所言：「治眾如治寡，分數是也。」將大規模營運分解為可控的作業單元與標準程序，即是組織從混亂走向秩序的基礎。

> **案例研究：**
> **全聯福利中心的能力建構與流程標準化實踐**

全聯福利中心作為臺灣最大連鎖超市體系，面對全臺上千家門市與大量員工，其經營核心在於「標準化」與「制度化」的能力整合。

能力模組建構：全聯針對店長、課長、倉管人員等設計不同訓練模組，從商品管理、顧客服務到營運績效，每個層級都有明確能力架構；

內部師徒制與複製計畫：每一家新開門市由資深店長帶隊指導，三個月內完成團隊上線與流程導入；

作業流程 SOP 設計：包含進貨驗收、商品陳列、打烊流程、顧客糾紛處理等皆有明確手冊與現場指引；

流程稽核與精進系統：設有營運稽核小組定期巡查門市作業，發掘流程偏差與改善機會。

透過這套從能力到流程的系統，全聯在零售業競爭激烈的環境中得以穩定擴張，並維持顧客體驗一致性。

管理啟示：
能力與流程，是組織穩定發展的兩條腿

孫子說：「將能而君不御者勝。」意即若將領有能，而君王不干涉其職責，則此軍必勝。能力與流程，正是現代管理中讓每一「將」能獨立作戰的制度基礎。

能力建構不是單次訓練，而是制度設計與文化養成；

流程標準化不是懲罰創新，而是保障品質與效率的機制；

二者須同步設計，缺一將導致執行落差；

標準流程是用來快速上手，而非阻礙彈性調整；

真正高效的組織，是每個人皆能執行標準，又能適時超越標準。

若能從孫子兵法的軍形邏輯出發，建立組織之「形」，再注入能力與流程之「勢」，企業將能從混沌中生成秩序，從穩定中創造效能，真正達成「專攻十敵」的競爭優勢。

◇ 第四章　穩定體制與組織設計

第五節　「無形之形」：打造可持續且靈活的系統

孫子兵法〈虛實篇〉中有言：「兵無常勢，水無常形。能因敵變化而取勝者，謂之神。」兵者貴在變，而形則在於無形。這段話揭示了軍事與管理的共同智慧：真正強大的組織不是擁有一成不變的制度，而是能依勢應變、隨時調整節奏與方向的靈活體系。這種兼具可持續發展與彈性應對的系統架構，正是當代企業所需面對動盪市場的關鍵能力。

✦ 「無形之形」的系統邏輯：可見與不可見的融合

在組織管理中，所謂「無形之形」，即是將制度與文化、結構與行動、策略與操作融合為一種可演化的系統。其特性包括：

結構具彈性：非固定編制，可依專案或目標重組的任務導向單元；

文化具自律性：組織行為不靠命令，靠共同價值與判斷標準驅動；

資訊具流動性：打破部門壁壘，促進橫向資訊交換與即時回饋；

第五節 「無形之形」：打造可持續且靈活的系統

策略具可調性：不是五年不變的藍圖，而是以年度為單位動態調整的路徑。

這些設計讓組織在維持一定秩序的同時，仍能快速回應外部變化，達到「動如雷震，靜若處子」的管理狀態。

✦ 可持續與靈活性的矛盾與平衡

可持續系統重視標準化與可複製性，而靈活系統強調彈性與創新反應力，兩者看似衝突，實則可透過下列方式兼容：

模組化設計：將流程與制度切割為獨立單元，能保留核心標準，同時根據情境替換或更新；

雙營運模式（Ambidexterity）：企業在日常營運維持穩定模式，在新事業、新專案中啟用探索性管理；

動態治理框架：用 KPI 制度掌握穩定面，用 OKR 系統推動變革面，兩軌並行。

這種看似矛盾的設計實則源自孫子所謂「以正合，以奇勝」的思維，以標準對應日常、以彈性應對變局。

案例研究：大潤發數位轉型中的「無形系統」打造

大潤發為臺灣大型量販通路代表，自 2021 年由全聯集團接手後，進行大規模的數位轉型與組織再設計。在保有零售

◇ 第四章　穩定體制與組織設計

業核心流程穩定性的同時,大潤發建構了一套可持續與靈活兼備的營運體系:

流程模組化再設計:將進貨、陳列、補貨、收銀等流程分拆模組,依據地區、坪數與人力即時調整配置;

「任務導向型」團隊建立:針對推播、直播、電商活動等需求,跨部門成立短期任務團隊,完成即解編;

資訊平臺整合:推行店務即時回報 App 與決策儀表板,讓現場主管可依數據快速調度人力與資源;

員工自主制度:透過「建議改善制度」與「內部創新挑戰賽」,將流程優化與服務改善交給基層主導。

這些制度打破過往傳統量販業「流程僵化、回應慢、管理階層封閉」等問題,成功建立內部自主應變文化與靈活營運能量。

管理啟示:
制度不必剛硬,靈活才是現代組織的強骨架

孫子曰:「不可勝在己,可勝在敵。」真正能讓企業無懼未來的,不是不變的流程或制度,而是能因敵而變、因勢而生的系統性思維。

制度設計要能調節而非限制,管理是節奏不是箝制;

組織的靈活來自於穩定的基礎與彈性的行動框架;

第五節 「無形之形」：打造可持續且靈活的系統

標準是工具、不是目的，靈活是手段、不是放任；

「無形」不是無制度，是讓制度服務策略而非綁住創新；

當所有變化都能在系統中自我吸納與反應時，組織才具真正韌性。

「無形之形」是現代企業能否穿越不確定性的核心條件，它要求的不僅是架構上的彈性，更是文化上的信任與制度上的自律。唯有如此，企業才能真正做到「不變中求變、變中穩定」，達成孫子兵法中所述「兵無常勢，水無常形」的智慧境界。

◇ 第四章　穩定體制與組織設計

第六節　Gogoro 從車廠變平臺的內部重構之路

孫子兵法〈軍形〉指出：「善守者，藏於九地之下；善攻者，動於九天之上。」強調軍隊不應固守既有形態，而是應該視情況主動轉形、調勢。在組織管理語境中，這句話道出企業在時代變遷中需具備重構能力——不只是產品轉型，更包括組織邏輯、營運架構與文化意識的整體變化。Gogoro 作為一間原本聚焦於電動機車製造的公司，近年則完成了一場深度的內部重構與策略翻轉，逐步轉型為一個開放平臺與能源服務體系的企業。

✦ 從產品導向到平臺導向：策略重構的第一步

Gogoro 創立初期以科技感十足的電動機車形象搶占市場，吸引大量年輕消費者與科技早期採用者。然而，企業若僅靠單一硬體產品，即便再創新，其擴張速度與資源回收效率仍有限。

因此，自 2018 年起，Gogoro 將目標逐漸從「賣車」轉向「建平臺」，其策略轉折有三個明顯軌跡：

開放電池交換系統：將 GoStation 與電池技術授權給其他車廠使用，包含宏佳騰、山葉等品牌，擴展生態圈；

標準制定者角色：將自身電池規格推廣為產業標準，成為上下游供應鏈必須接軌的主導者；

數據與能源營運平臺：從車輛銷售轉向經營電池交換數據、充電頻率與用電調度等新服務模型。

這一連串轉型，讓 Gogoro 逐步脫離傳統製造商邏輯，邁向平臺企業的戰略高度。

◆ 組織重構：支撐平臺策略的內部重設計

策略要落地，組織必須先轉變。Gogoro 內部也針對平臺轉型目標，進行多項結構與流程的再設計：

跨部門任務型編組：為加速平臺服務開發，成立專案導向團隊，如智慧能源小組、企業 API 整合小組，提升協同效率；

營運流程模組化：例如電池倉儲、調度與維運流程進行標準化，方便與不同合作車廠整合與複製；

資料驅動決策機制：建立全公司統一的商業智慧（Business Intelligence，BI），供不同部門查詢電池流通率、使用熱點、GoStation 異常頻率等關鍵數據；

文化轉譯與內訓制度：為了改變「我是車廠」的舊有文化，導入跨域訓練、內部平臺營運講座，並邀請外部平臺企業講者進行文化洗禮。

◇ 第四章　穩定體制與組織設計

這些改革讓原本偏向製造導向的組織，逐漸具備科技服務導向與平臺營運的韌性與彈性。

✦ 案例成果

截至 2024 年初，Gogoro 的電池交換站已超過 2,500 座，覆蓋全臺 95% 以上都會區，並持續進行國際拓展（如印尼、印度、韓國等）。其收入結構也明顯改變：

車輛銷售收入占比逐年下降；

月租電池方案與企業合作電池服務（如物流業、共享車業）成為穩定收入來源；

數據服務與平臺技術授權開始進入獲利階段。

Gogoro 這套平臺策略的落地與內部重構經驗，已成為臺灣企業數位轉型與能源平臺化的範例。

管理啟示：
重構不是改 Logo，而是重新設計組織核心邏輯

孫子兵法〈虛實篇〉有云：「兵無常勢，水無常形；能因敵變化而取勝者，謂之神。」企業在環境變化與競爭劇變中，若仍固守原有產業分類與操作思維，即便產品再創新，也可能被系統性淘汰。

第六節　Gogoro 從車廠變平臺的內部重構之路

平臺思維不只是技術轉型，更是組織角色與價值主張的轉變；

組織重構需從架構、流程、人才與文化同步進行，才具實質轉型動能；

標準化模組與跨部門協作，是平臺企業運行效率的關鍵支撐；

資料驅動不是報表，而是每日決策與營運的行動依據；

企業若能以「去工廠化」邏輯重新思考自身角色，將開創嶄新成長路徑。

Gogoro 從電動車廠蛻變為能源平臺的過程，不只是品牌定位的變化，更是一場組織自我重構的深層實驗。這段歷程證明，唯有掌握「形變而心不亂、業轉而志不改」的本事，企業方能真正實踐孫子所言之「神兵」之道。

◇第四章 穩定體制與組織設計

第五章
動能引爆與團隊管理

◇第五章　動能引爆與團隊管理

第一節　形勢造勢：掌握團隊運作節奏

孫子兵法〈兵勢篇〉中寫道：「激水之疾，至於漂石者，勢也。鷙鳥之疾，至於毀折者，節也。」意思是說，水之所以能衝擊大石，是因為其勢，猛禽之所以能摧毀敵人，是因為其節奏。這揭示了團隊管理的核心觀念：要讓一支隊伍發揮最大效能，不僅要有策略與工具，更須掌握「形勢」與「節奏」，也就是團隊的動能場與協作頻率。

在現代管理語境中，「勢」代表的是整體組織氛圍與推進力；而「節」則是行動節拍與人力運用的流暢度。本節將深入探討如何在組織中塑造集體動能，並掌握有效的節奏管理，進而帶動整體績效爆發。

✦ 團隊節奏與組織節拍的差異與協同

團隊節奏管理並非單純排程或時程管理，而是一種以行動頻率、協作規律與心理韻律為核心的「群體律動工程」。常見的節奏破壞情況包括：

溝通不同步，導致部門步調脫節；

會議與執行節奏不一致，造成資訊延遲或任務積壓；

高層變化頻繁、下屬尚未完成適應，導致群體疲憊。

有效的團隊節奏管理則須具備三個特徵：

週期性明確：例如每週任務檢視、每月 OKR 回顧、每季目標調整；

角色參與一致：跨部門同步節拍、部門內協作同步調；

情境切換順暢：能在壓力高峰與緩衝期間自由調整節奏，避免長期過勞或焦躁。

將這樣的節奏觀內化於組織日常，便能形成一套「群體進退有序」的協作文化。

◆ 團隊「勢能」的形成條件

企業團隊能否產生強大動能，關鍵在於是否具備下列五大元素：

共同方向：團隊是否清楚自己為何存在、正往哪裡前進；

適配領導：領導者是否善於鼓舞與分配資源而非僅僅管理；

資源聚焦：是否將資源投入於關鍵績效驅動點而非四面出擊；

節奏內建：是否具備長期推進的節律設計（例如衝刺週、緩衝週、評估週交錯安排）；

文化支撐：是否擁有可支持高動能運行的文化土壤，如回饋機制、心理安全感等。

◇ 第五章　動能引爆與團隊管理

當這五者兼具時，即使資源有限，團隊也能發揮高於個體加總的整體戰力。

案例研究：Shopline 的節奏建構與團隊動能設計

Shopline 為臺灣起家的跨境電商軟體及服務 SaaS 平臺，近年在東南亞、香港與北美市場快速擴張。其團隊快速擴編但仍保持高度協作效率的關鍵，在於其「週期性動能節奏管理法」。

OKR 與 Sprint 交錯設計：OKR 制定採季目標制，每一季配合敏捷開發五週一循環的 Sprint 工作週，讓目標與執行節奏高度一致；

跨部門「節奏會議」：每週設有同步會議窗口，確保產品、行銷、業務三方進度一致；

儀表板即時反饋：全員皆可見即時 KPI 進度，減少溝通時間、提升心理同調感；

情境管理週期：將工作月區分為「啟動週」、「衝刺週」、「檢討週」、「創新週」，根據不同情境安排資源與會議密度。

✦ 管理啟示：團隊動能是一種策略性資產

孫子云：「善戰者，求之於勢，不責於人。」在團隊管理中亦然，領導者若能從組織節奏與勢能著手，將比依賴個人

努力更具持久力與系統性。

節奏設計是管理者的戰術安排,而非只是行事曆管理;

勢能是團隊可複製的協作資產,而非偶發性的高績效;

「情境週期」設計有助於協助團隊平衡壓力與創造力;

建立公共可視的進度儀表板,有助於增強責任感與目標意識;

一支會「呼吸」的團隊,才能持續進退有據、行動如一。

掌握形勢造勢之道,即是掌握團隊作戰的節奏與氣場。能營造節奏,才有可能培育勢;能積累勢,團隊才會自己奔跑。這正是孫子兵法中「兵之情主速」於現代管理場景中的具體演繹。

◇第五章　動能引爆與團隊管理

第二節　槓桿效應：用小資源創造大成果

孫子兵法〈軍形篇〉有言：「故善戰者之勝也，無智名，無勇功，故其戰勝不忒。不忒者，其措必勝，勝已敗者也。」簡言之，真正高明的用兵之道，不在於奇謀百出，而在於能以有限資源找到最有效的戰力配置方式，先求不敗，再圖勝利。這便是現代企業管理中所稱的「槓桿效應」（Leverage Effect）核心精神。

槓桿效應是指：透過結構性設計或資源重組，使少量投入創造超乎比例的產出。無論是人才、時間、資金或技術，在管理操作中若能形成策略性「引力點」，便能像槓桿原理那樣「以小撬大」，達到爆發性成果。

槓桿效應的四種關鍵來源

在組織實務中，以下四種設計最常見於激發槓桿效應的來源：

資源再利用（Reuse）：將一次性投入轉為多次使用，如內容模組化、生產設備彈性化等；

流程改善（Process Efficiency）：透過自動化、標準化或流程再造，節省時間與人力支出；

網路外部性（Network Effect）：用戶愈多、價值愈大，常見於平臺與社群型企業，如 Uber、Facebook 等；

授權與複製（Replication）：透過制度化訓練、加盟、白標授權等方式，將成功經驗快速擴張到多個區域。

能理解並有效布局這些槓桿來源的企業，將可在資源有限的情況下，放大其組織槓桿與市場影響力。

案例研究：
VoiceTube 如何以內容再製與授權拓展國際市場

VoiceTube 為臺灣知名英語學習影音平臺，創立初期以字幕化 YouTube 英文影片並搭配詞彙解釋為特色，快速吸引語言學習者。面對有限人力與預算，其成長動能關鍵即在於運用內容槓桿策略：

內容模組再製：原始英語教學影片切割成多種學習單元（短句、單字、聽力練習等），再打包為不同教材包上架 App、YouTube 與企業內訓平臺；

跨語言授權：與日本、韓國、泰國等教育平臺合作，將 VoiceTube 的學習模組轉譯後授權上架，開啟跨境內容收益模式；

企業合作放大器：與臺灣各大企業、補教業、學校建立內容輸出管道，讓同一組內容可多次轉換為服務商品；

會員機制與學習曲線設計：透過推薦機制與學習回饋系統，提升用戶黏著度與付費率，放大內容效益。

◇ 第五章　動能引爆與團隊管理

這些內容再製與授權策略,讓 VoiceTube 在維持小規模營運團隊的情況下,成功打進亞洲市場並建立品牌辨識度。

企業在追求槓桿效應的過程中,若忽略以下幾點,反而容易走向「過度壓榨」或「反槓桿」的危機:

過度集中關鍵人力:當某位員工成為唯一知道關鍵流程之人,組織就失去再現性與抗風險性;

缺乏制度性再現:好的做法若無制度化記錄與內部複製設計,終將流於一次性成果;

錯用短期壓力當成槓桿:如延長工時、壓低成本等方式,雖可能短期產出爆量,但中長期會傷害文化與組織續航力。

因此,真正成熟的槓桿策略設計,必須以可持續為前提,並搭配風險辨識與制度性控管設計。

✦ 管理啟示:以小搏大的祕密,在於結構性設計

管理者若能以有限資源創造最大成果,其核心關鍵在於對「勢」的創造與利用,也就是形成結構性增益設計。

管理的槓桿來自於流程、資料、制度的合成效應,而非個人加班;

小團隊若有明確邊界、可複製流程與聚焦市場,反而可能更具競爭力;

第二節　槓桿效應：用小資源創造大成果

槓桿效應是長期策略,而非短期激增之術;

平臺、模組與複製力,是數位時代最常見的槓桿武器;

能從局部放大資源效能的設計者,才是真正的組織將才。

若能如孫子所言「勝兵先勝而後求戰」,透過槓桿設計事先預構勝利條件,即使身處小組織、資源有限,也能創造撬動市場的能量。

◇第五章　動能引爆與團隊管理

第三節　激勵設計與績效動能

如《孫子兵法》中強調「勢」與「權」的靈活應變之道，後人有言：「凡勢之所倚者，因利而制權也」，意指兵勢或商勢的運用，須根據當下利益條件靈活調整權變策略，以掌控主導權。意思是說，軍隊的勢能來自於因勢利導，將有利條件轉化為組織力量。在現代企業管理語境中，這段話正好說明激勵設計與績效制度的重要性──若能以制度、目標與動機巧妙結合，就能激發出個體與團隊的最高戰力，轉化為組織的長期競爭優勢。

◆ 激勵制度的設計三軸心法

企業激勵設計不單是發獎金或升遷，而是一套結合心理動力、行為預期與價值承諾的制度設計。優秀的激勵制度需涵蓋以下三軸：

內在動機對應軸：針對不同員工需求（如成就感、影響力、學習成長）設計獎勵類型；

績效目標對齊軸：激勵機制必須與企業 KPI 與部門 OKR 連動，避免「做得多不如說得巧」的錯配；

時機與回饋節奏軸：即時回饋往往比年度獎金更具動能效果，透過短期激勵串接長期目標。

第三節　激勵設計與績效動能

若能掌握這三軸交會點，激勵將不再是額外福利，而是組織文化與價值內化的工具。

◆ 案例研究：KKday 的動能管理與獎勵創新

KKday 成立於臺灣，是主打自由行與在地深度體驗的旅遊科技平臺。疫情前即積極拓展日本、韓國與東南亞市場，並逐步建立跨境營運據點。2020 年 COVID-19 爆發重創全球旅遊業，KKday 選擇加速產品與商業模式轉型，並推出 SaaS 預訂系統 Rezio，協助旅遊供應商數位化轉型。透過策略調整與技術投入，成功打開 B2B 市場並為疫情後復甦鋪路。以下為其激勵制度重塑實例：

任務型專案激勵制：導入短期專案任務制，將跨部門人員以目標導向編組，任務達成後即時給予獎金與晉升積分；

「失敗有獎」制度：針對高風險創新專案，設立「勇於嘗試獎」，讓員工在合理風險下敢於創新，提升整體創新參與率；

SaaS 轉型團隊特別股制度：對於推動 Rezio 轉型專案團隊，提供階段性股票選擇權，讓長期成果可對應未來收益；

動能儀表板設計：內部設置即時績效儀表板，讓團隊可清楚看見進度、動能與回饋狀況，增強投入與自我驅動力。

這些制度讓 KKday 不僅度過營收寒冬，更建立起以「激勵驅動轉型」為核心文化的管理基礎。

第五章　動能引爆與團隊管理

激勵若不能連動績效,很容易淪為「勞力補償」而非「價值驅動」。優秀的績效制度應兼顧以下幾點:

KPI與OKR整合:短期績效指標(KPI)與中長期目標導向(OKR)需協同設計,才能避免目標短視;

績效評量透明:採用360度回饋、同儕推薦與數據追蹤,提高公平性與說服力;

非金錢型激勵同步啟動:例如高曝光表揚、晉升培訓、工作彈性化等,以低成本創造高情感價值;

團隊與個人激勵並重:避免激勵設計過度聚焦個人競爭,破壞團隊協作;

績效回饋可視化:運用圖表、資料牆等方式,讓團隊成員能看見自己的進展與組織的整體趨勢。

將績效制度設計為動能引擎,而非末端評分,即能讓管理變得具備「前拉力」而非「後推力」。

管理啟示:組織動能來自被看見與被賦權的瞬間

孫子曰:「致人而不致於人者勝。」管理者若能設計出一套讓員工主動奮戰、而非被動執行的激勵機制,方為真正戰略性人資管理者。

激勵不是獎金,而是價值的回應與信任的強化;

績效設計要能讓人「想達成」,而非只怕「沒達成」;

即時可見的回饋是維持團隊節奏與動能的最佳助燃劑;

第三節　激勵設計與績效動能

激勵制度應能包容創新錯誤,而非只獎勵保守安全;

激勵若能對齊組織策略與個人志向,即能構成最大的勢能場。

從孫子兵法觀點出發,激勵不在於「多給」,而在於「給得其時、其所、其心」。激勵與績效若能合拍運行,將成為點燃組織動能、長期蓄勢待發的穩定推進力。

◇ 第五章　動能引爆與團隊管理

第四節　如何用制度管理勢能而非僅靠個人

孫子兵法〈兵勢篇〉有言：「凡戰者，以正合，以奇勝。」這句話不僅談戰術運用，更指向一種制度性的作戰邏輯：穩定而可複製的制度設計，是成敗的基礎，而非憑藉個別將領之力。若企業總是仰賴明星員工或強人領導，即使短期績效亮眼，長期將面臨組織不可持續的困境。制度化的勢能管理，則能從根本奠定可持續的團隊動能與戰鬥節奏。

從個人驅動轉向制度驅動

許多創業初期公司常依賴少數核心成員撐起營運，一旦這些人力離職或失效，組織即陷停滯。這正反映出「勢能無制度化」的結構性風險。若無制度性設計支撐，即使當下成果再大，也如紙上建軍、虛火一場。

制度化勢能管理需具備以下三項基礎：

角色標準化：明確定義每一職位的作戰重點、可動能範圍與資源調配邊界；

節奏機制化：用制度安排好週期任務、績效評估與回饋流程，不再仰賴主管個人風格或即興決策；

場域可複製：讓一支高效團隊可被整體複製到其他場域，而非只能原地發光發熱。

第四節　如何用制度管理勢能而非僅靠個人

制度讓勢能從「偶然」變為「可控」，進而從「人依人」轉為「人依系統」。

◆ 案例研究：遠傳電信的制度建構與可複製戰力

遠傳電信（Far EasTone）作為台灣三大電信業者之一，過去數年透過數位轉型與「大人物計畫」（Big Data, AI, IoT, Information Security, and Cloud）建構出一套可以持續複製的組織戰力。遠傳不再只是傳統電信公司，而是轉型為數位服務與科技集團，背後支撐的正是一套高度制度化的運營模型。

以下為其制度管理勢能的實踐要點：

數位轉型辦公室（Digital Transformation Office, DTO）：遠傳成立專責的數位轉型辦公室，統籌跨部門的數位應用、數據分析與 AI 應用推進，形成制度化的轉型推手，避免轉型僅靠個別部門的零星努力；

「一數到底」的數據治理制度：遠傳建立全公司統一的數據標準、資料湖與權責制度，確保數據流動與治理合規，並推出「一數到底」的制度，讓不同部門可使用統一數據來源，減少判斷差異與資料孤島；

AI 人才內部養成與跨域培訓：推動「AI 企業大學」，針對員工設計 AI、機器學習等課程，並制定 AI 專案實作流程，強化內部 AI 應用的制度基礎；

◇第五章　動能引爆與團隊管理

「5G 智慧城市」標準流程模組：在推動智慧城市應用（如智慧交通、智慧電網）時，遠傳制定了跨政府、企業、社區的合作 SOP 與項目管理制度，讓每個案場都能快速部署、彈性調整，形成可複製的解決方案。

這些制度設計讓遠傳從傳統電信業者，轉型為靠數據治理與 AI 驅動的組織機器。

雖然制度化勢能帶來穩定，但若制度僵化，反而可能壓制創意與即時應變能力。因此以下原則需同步思考：

制度要可調整：制度需定期檢討、彈性修正，才能因應環境與人才改變；

制度應鼓勵貢獻而非懲罰失誤：避免用制度限縮動能，要讓制度成為保護創新的「跑道護欄」；

制度需有反饋管道：員工對制度運作需能提出意見與改善建議，避免制度異化為內耗來源。

制度並非目的，而是讓勢能在組織中可見、可量、可複製的管理工具。

管理啟示：
真正的高手，是讓沒人時也能照樣運行

孫子云：「致人而不致於人者勝。」真正強的組織不是某幾個人很強，而是即使少了某人，也能照樣前進。

第四節　如何用制度管理勢能而非僅靠個人

制度是讓「勢」從個人可轉移為團體共享的關鍵設計；

勢能不可憑運氣、情緒與人脈維持，而應靠制度與節奏累積；

讓制度成為組織內的「無形推手」，即是建立長期競爭力；

領導者角色不是事事親為，而是設計制度讓團隊自動產生動能；

制度化勢能管理能從「強人管理」過渡到「系統驅動」，才是真正走向可複製的規模化企業之路。

兵法之道貴在因時制宜，無恆而為，正是其精髓所在。但制度卻是面對變動時，唯一能賦予組織穩定性的結構基礎。唯有制度化勢能設計，方能使組織從「人驅動」邁向「系統發動」，實現不靠強人也能永續的組織能量。

◇第五章　動能引爆與團隊管理

第五節　建立團隊默契與標準行動模型

孫子兵法〈軍爭篇〉言：「其疾如風，其徐如林，侵掠如火，不動如山。」這句話描繪了理想軍隊的默契與節奏——行動一致、反應靈敏、攻守有度，猶如自然之力流轉無礙。將此轉化為組織管理語境，即為「團隊默契」與「行動標準」的養成。若一支團隊每次行動皆需重新協調、每次決策皆須靠臨場反應，不僅效率低下，更無法形成穩定戰力。因此，建立標準行動模型與默契體系，是實現組織常勝與自動運作的根本工程。

✦ 團隊默契不是「久了自然有」，而是可設計的

許多管理者誤以為團隊默契需時間培養，實則，默契可透過以下三項制度性設計方式快速形成：

情境訓練制度化：設計實戰模擬、角色扮演或情境反應訓練，讓成員在壓力中學習彼此的反應模式與行動節奏；

共同語彙與行動代號：建立共同理解的指令系統（如「Plan A」、「撤退機制」、「紅燈流程」），讓溝通能在最短時間內同步；

預判與反應預演：透過 OKR 或 KPI 週期，提早推演可能失誤與備案，強化反應一致性。

第五節　建立團隊默契與標準行動模型

默契不是靠共事時間，而是靠「共同預期」與「共同經驗」形成。制度若能創造這兩種基礎，即使是跨國團隊亦能快速形成合拍節奏。

✦ 標準行動模型的設計邏輯

標準行動模型是團隊遇到重複情境時，能夠自動採取最有效反應的制度。其設計必須具備以下特性：

模組化：如應對投訴、產品 Bug、異常訂單等，皆有可套用的行動 SOP 模組；

可適應：模型並非僵化，而是針對 80% 可預測場景定義行動框架，20% 留給現場調整；

可視化：以流程圖、手冊、APP 內建指引等方式讓每一成員都能查找與執行。

行動模型建立之後，組織就能從「反應型團隊」進入「預備型部隊」，每一成員皆知何時該出手、如何應對、要回報給誰。

案例研究：美廉社的標準行動模型與團隊默契建立

美廉社作為臺灣重要的超商型量販業者，在全臺設有超過 1,000 家門市。其營運效率關鍵不在規模，而在於標準化的行動模型與高默契的門市團隊。

◇ 第五章　動能引爆與團隊管理

美廉社重視門市人員的補貨效率與現場反應能力，並透過每日例行訓練與 SOP 落實確保營運品質穩定。

高峰時段聯動默契演練：各門市依據來客流量規劃排班與區域職責分配，減少現場混亂並提升結帳與補貨的協作效率；

夜間突發流程演練：針對突發事件如客訴或設備故障，亦設有標準應變流程與回報機制，維持門市安全與應對一致性；

新進人員培訓上：美廉社採階段性培養與考核制度，從基本作業到實地演練皆有明確標準，讓門市營運能在快速成長中保持一致水準。

這套標準行動與默契訓練系統，使美廉社即使在大量擴張中，仍能維持整體服務品質與營運穩定。

◆ 管理啟示：讓每個人都知道「下一步是什麼」

孫子曰：「形兵之極，至於無形。」團隊最高境界不是每個人都有創意，而是每個人都知道「該怎麼動」、「何時動」、「為誰而動」。

默契與行動模型應設計為日常制度，而非偶發訓練；

能自動啟動的團隊，才能在混亂中不亂、在突變中迅速反應；

訓練與語彙標準化是提升團隊感知與判斷一致性的關鍵；

從零售到科技業，行動模型都是維持節奏的作戰圖譜；

當制度能讓每個人都不必多問即可行動，團隊就具備真正的戰力。

企業若能從孫子所說「風林火山」中理解節奏與默契的威力，並以制度化手法建立標準行動模型，將能打造一支進退自如、內部無聲合拍的高效團隊。

◇第五章　動能引爆與團隊管理

第六節　Google 內部「20% 時間」制度背後的勢學

孫子兵法〈兵勢篇〉指出:「激水之疾,至於漂石者,勢也。」這句話強調的並非單一行動的力道,而是持續推動所產生的能量累積。對企業而言,若能設計出制度性空間,讓成員在不被管束的狀況下自我驅動與創造,所匯聚的能量即能成為組織長期競爭優勢。這正是 Google 著名的「20% 時間」制度背後的勢學哲學:透過制度設計,引導內部動能從偶發創新轉化為可預期的系統性動力。

◆ 什麼是「20% 時間」制度?

Google 於 2004 年前後正式提出「20% 時間」制度,核心精神是鼓勵工程師與員工每週可使用 20% 的工時進行非主管指定、但與公司目標方向相關的自選專案。這並非「多餘時間做其他事」,而是正式工作的一部分,員工有自主選題與探索空間。

制度的基本原則包括:

自主選題但需與使命相關:不能完全脫離本業方向,但題目不需上級批准;

成果需可被衡量:鼓勵具體產出,無論是原型、流程、模型或提案書;

允許跨部門合作：可主動拉同事組成專案小組，不受部門框架限制；

成果可轉正：若成效良好，該專案可正式納入產品或公司策略路徑中。

這套制度在 Google 初創與成長階段中，為其累積了大量的創新動能與文化活力。

✦ 制度如何形成「勢」？

在孫子的邏輯中，「勢」是以結構與節奏所形成的力量場，而非單一兵力的強弱。Google 的 20% 時間制度即以以下方式形成長期動能場：

創新節奏的內建機制：讓創新非來自高層命令，而是制度上自然浮現的週期性節奏；

允許分流又能匯聚：個人創意雖分散，但可藉由公司平臺機制整合入產品線中，轉化為具規模的成果；

文化自驅與信任：此制度鼓勵自我驅動與實驗，建立信任文化，使員工不再只是被管理，而是自我成長主體；

避免創新依賴少數人：將創新權利制度化與分散化，讓整體公司都能成為創意來源。

制度提供「勢能流動」的管道，而非將創意綁死於創新部門或高層腦袋之中。

◇ 第五章　動能引爆與團隊管理

✦ 案例研究：從 Gmail 到 Google News 的誕生

許多 Google 知名產品誕生於 20% 時間制度下：

Gmail：由工程師 Paul Buchheit 以 20% 時間製作原型，後被納入產品主線並成為全球最大電子郵件服務之一；

AdSense：最初來自一項業務部門實驗計畫，後成為 Google 主要營收來源之一；

Google News：由工程師 Krishna Bharat 在 911 事件後，自發性設計新聞聚合系統，促使該產品快速開發與推出。

這些成果非出自企業預算編列或高層命令，而是在制度允許下自然浮現的勢能積聚。

後續挑戰與制度演化

隨著 Google 企業規模擴張，20% 時間制度逐漸面臨落實難度。原因包括：

KPI 與主職責壓力擠壓探索空間；

部分主管不鼓勵或默許該制度名存實亡；

跨部門協作資源取得門檻提升。

雖然 Google 未正式宣布廢止「20% 時間」制度，但隨著組織規模與資源配置轉變，該制度已不若初期那樣普遍適用。近年來，Google 改以「內部創業挑戰賽」、創新孵化單位「Area 120」等新制度延續其自主創新文化，讓創意仍能在具

第六節　Google 內部「20% 時間」制度背後的勢學

制度化框架中孵化與成長，保留了創新動能的核心軸心與實驗空間。

◆ 管理啟示：讓制度生成勢，而非倚賴靈光一閃

孫子曰：「權謀者，其事先形。」真正的勢，不在於靈光乍現的創意，而在於制度化地創造創意出現的可能性。

創新若無制度支撐，終將難以持續與累積；

制度不該限制動能，而是解放自驅與探索的可能性；

讓每一位員工皆有創新權，是讓勢成為企業共同產物的關鍵；

制度設計應創造「有意圖的混沌」空間，而非完全規範與控制；

真正高明的管理不是掌控所有產出，而是打造出能產出源源不絕「勢」的文化與結構。

從 Google 的實例可以看出，制度設計若能對齊動能與自驅價值，即能讓「勢」流動於整體組織，讓創新不再是特例，而是一種可預期的日常。這正是孫子兵法在現代組織創新中最深的管理啟發。

◇第五章　動能引爆與團隊管理

第六章
市場創新與競爭優勢

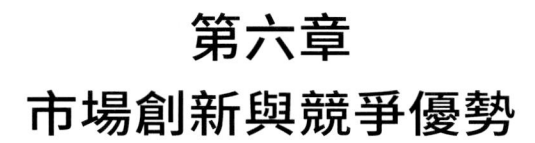

◇第六章　市場創新與競爭優勢

第一節　無中生有：創新如何顛覆既有市場

孫子兵法裡所強調的「虛實之道」，正是兵家最難掌握的精髓。對現代企業而言，這不只是兵略，也是市場創新之道：將「虛」化為「實」，在無人預料之處殺出一條新路，進而顛覆整體產業邏輯。

「無中生有」，不是魔術，而是創新者將看似不存在的需求、資源或市場，用策略與設計創造出來，讓競爭對手無法預測，也無法追趕。這是企業突破既有產業框架、創造競爭優勢的關鍵戰術。

✦ 顛覆創新的三個核心構面

能夠真正「無中生有」，顛覆市場者，往往掌握以下三個策略構面：

重新定義問題：傳統市場往往聚焦「怎麼做得更好」，顛覆者則問「有沒有必要這樣做」。如 Uber 不是改良計程車，而是重新定義「叫車」這件事；

轉換產業邊界：創新者將既有產品融合其他領域邏輯，創造跨界價值。如 Apple Watch 將科技與健康整合，進入穿戴醫療市場；

第一節　無中生有：創新如何顛覆既有市場

引導需求認知：成功顛覆不靠滿足現有需求，而是「教育」使用者接受一種全新習慣與價值，如 Netflix 當年讓人習慣「不等待、可任選」的觀看方式。

這些方式都是典型的「虛轉實」策略：把潛在、尚未成形的價值轉化為可交易、可需求的現實力量。

案例研究：
Notion 如何打造虛擬生產力平臺顛覆既有市場

Notion 是近年在全球爆紅的生產力工具平臺，它並未以「功能」打敗 Microsoft Word、Evernote 或 Trello，而是以「思維方式」重構整體知識工作習慣，典型地實現「無中生有」。

Notion 成功顛覆傳統生產力工具的策略如下：

用「空白畫布」取代預設格式：用戶不再從表格、文書、任務列表中三選一，而是從完全開放的模組起步，自由組合內容類型；

模組設計促成「個人化邏輯」：每位使用者可依工作流自定義資料庫、任務流與寫作格式，產出高度個人化且可分享的知識系統；

社群生態的力量：透過 Notion Template 社群，大量使用者上傳個人創作模板，構成使用教學與創意擴散的網路效應；

◇第六章　市場創新與競爭優勢

打破軟體分類框架：Notion 不說自己是筆記軟體或專案工具，而以「All-in-one workspace」自居，重寫了使用者對工具分類的預期。

Notion 的成功並非來自技術堆疊，而是透過「使用者定義工具」的方式，將創造權交回用戶手中，形成了以「參與式生產力」為核心的軟體生態，並成功開啟了 All-in-One Work OS 的新範式。

許多企業將創新誤認為是天才點子或設計風格，然而從孫子兵法的視角看，創新更接近一種「布勢」與「引導」：

布勢：在市場上布局出讓對手無法競爭的條件與位置，如平臺設計、社群效應、模組邏輯；

引導：讓使用者產生新的認知與習慣，以達成需求創造與品牌心佔率建立；

模糊界線：顛覆者會刻意混淆既有產業分類，使競爭者無法在熟悉的邏輯中追擊；

預佈價值鏈：在競爭對手尚未轉型前，提前布局下游與上游整合，如 Notion 與教育市場、創作者市場的合作布局。

從這些結構性設計中，我們看到，創新從不是「創意使然」，而是「戰略導引」。

第一節　無中生有：創新如何顛覆既有市場

管理啟示：
從「無」中看到價值，是企業的戰略眼界

孫子曰：「形人而我無形，則我專而敵分。」真正的創新不是單靠亮點，而是創造出一套對手難以破解的整體策略系統。

顛覆創新往往來自於對現實盲點的洞察與重寫；

從產品設計轉向使用習慣的引導，是創新者的結構優勢來源；

制度性社群與內容機制是讓創新成長的倍增器；

一流創新不是給用戶更好的東西，而是讓他們不再需要舊的東西；

真正的無中生有，是戰略、思維與執行合一的展現。

Notion 的例子證明，透過虛實轉換的邏輯，企業能在看似飽和的市場中創造出「新地圖」，重新定義需求與供給的關係。這正是孫子兵法虛實篇中的意涵「實則備之，虛則擊之」在商業創新中的最佳演繹。

◇第六章　市場創新與競爭優勢

第二節　客戶需求的潛在動機識別

孫子兵法〈兵勢篇〉有言:「兵之所加,如以碬投卵者,虛實是察也。」這句話揭示了一項關鍵戰術:若能精準判斷敵我之虛實,即能一擊即中。放在市場策略中,即是企業能否看穿表面需求之下,潛藏的動機與未被說出的痛點。

在多數情況下,顧客並不完全了解自己要什麼。表面說要便宜,其實要的是風險保障;說要快速,其實要的是掌控感。那些真正構成行為驅動的「潛在動機」,若企業能事先洞察、提前布局,便能以最小成本,創造最大認同與轉換率。

✦ 顧客動機的三種層次結構

根據行為心理學家馬斯洛(Abraham Maslow)與行銷學者 Kotler 的延伸理論,顧客需求可分為以下三層結構:

顯性需求(Explicit Need):消費者主動說出口的需求,如「我要一臺筆電」;

隱性需求(Latent Need):消費者沒有說出,但行為透露出的需求,如「我想要一臺能展現我專業感的筆電」;

潛在動機(Underlying Motivation):潛藏在需求背後的核心心理因素,如安全感、社會地位、身份認同等。

掌握第一層，企業可與競爭者共分市場；掌握第二層，可做出差異化；掌握第三層，則可主導市場方向與品牌忠誠度。

案例研究：Cheers 快樂工作人如何洞察潛在職涯焦慮打造高黏度平臺

Cheers 快樂工作人為天下雜誌旗下職涯成長平臺，主打「打造職場溫度感」，並非主打求職媒合，而是洞察臺灣職場新世代的潛在需求 —— 職涯不安與成就焦慮。

其動機識別與內容策略包括：

標題語言設計貼近心理動機：如「你不是沒能力，只是缺這個習慣」、「不想升官，是不是我太軟弱」等標題，用語極具情緒引導力，直接觸動內在焦慮；

職場情境模擬測驗：如〈我的職場動能指數是什麼〉，讓用戶透過自我投射更理解自身需求，並進一步連結課程與專欄內容；

講座與社群實體轉化：如設計「下班時間小劇場」、「新鮮人焦慮診所」等活動，讓抽象的焦慮需求具象化，進而引導參與與購買；

內容與商品的心理映射：將書籍、課程包裝為「陪伴系工具」，讓購買者不覺得自己在花錢，而是在減緩心理壓力、尋求社會認同。

第六章　市場創新與競爭優勢

　　Cheers 快樂工作人的案例說明，在現代職場的情緒經濟與知識商品競爭中，誰能精準觸發潛意識的不安並提供具情感連結的解方，誰就掌握了新世代用戶的認同與轉化關鍵。這不是內容行銷的技術勝利，而是心理洞察與產品設計的策略聯手。

　　要有效掌握潛在動機，企業可採以下策略路徑：

　　深度訪談而非問卷調查：用開放式訪談發掘語言背後的情緒，例如「你為什麼會這麼想？」、「這讓你想到什麼經驗？」；

　　使用者行為日記法：讓目標族群記錄一週內的購物、煩惱、對話與選擇，從中歸納潛在需求路徑；

　　語意分析工具搭配情緒分析：從社群媒體或客服語料中抓取高頻詞與情緒曲線，找出顧客未說出口但不斷提及的焦慮；

　　產品原型快速測試：將預測到的潛在動機轉換為簡易訊息或產品頁面進行 A/B 測試，驗證吸引力是否成立。

　　這些方法的共通點是「以行為代替假設」，避免憑經驗想像顧客需求，而是透過結構化觀察與工具分析找出真實動機。

> **管理啟示：**
> **掌握看不見的欲望，才有機會定義市場**

企業若能看穿表象需求、切中顧客潛在心理，就能讓競爭者始終落後一步。

潛在動機才是決策真因，顧客說出口的往往不是重點；

產品功能非關鍵，心理滿足才是高轉換與高黏著的來源；

動機識別需倚賴跨域資料、深度質化與快速測試整合；

品牌若能與心理困境掛鉤，即能打造情緒上的忠誠度；

從顯性需求走向心理動能的開發，是從市場競爭轉向市場創造的關鍵跳躍。

從 Cheers 快樂工作人的案例可知，市場勝負不在表象紅海，而在誰能洞察情緒的暗流。虛實者，兵之變也，企業亦應學會在看似無聲處識變局，於未明處見機先行。

◇第六章　市場創新與競爭優勢

第三節　創造資訊不對稱的市場領導策略

孫子兵法〈虛實篇〉有言：「故善攻者，敵不知其所守；善守者，敵不知其所攻。」意即若能讓對手無法判斷自身的攻守虛實，就能主導戰局。在現代市場中，這句話完美詮釋了「資訊不對稱」的策略意義：資訊擁有愈多的一方，愈能掌握主導權，而資訊掌控的深度與稀缺性，將成為企業競爭優勢的關鍵資源。

所謂資訊不對稱，意指供需雙方掌握的資訊不平衡。若企業能創造並維持資訊上的結構性差異，便能延後競爭對手的反應速度、提高顧客黏著與依賴、甚至掌握價格與認知的決定權。

◆ 資訊不對稱的三種價值來源

演算法與資料優勢：企業若能透過演算法調整推薦、搜尋或定價流程，即可產生客戶行為預測與供應鏈效率的資訊優勢；

專業門檻與知識壟斷：當產品需仰賴複雜規格、法律限制或專利技術，消費者與競爭者的理解障礙即成為保護牆；

品牌定義權：當企業主導了類別的語言、名稱或指標定義，就能讓市場依其框架思考，創造認知優勢。

這些價值來源皆可視為現代管理中將虛實混淆、以知識為兵的實踐方式。

案例研究：17LIVE 如何以平臺後臺資料與演算法打造虛實競爭牆

17LIVE 是臺灣最早也是目前市占最高的直播互動平臺之一。面對大量後進競爭者與內容重複風險，17LIVE 採取資料導向策略，以資訊不對稱的管理機制建立競爭優勢。

直播內容排序演算法不透明：平臺不公開推薦與排序邏輯，使創作者需高度依賴平臺規則與回饋指標，進一步提升留存與穩定性；

內容數據儀表板僅供主播本人與營運方查看：平臺未對外開放直播內容互動指標，僅主播端與營運團隊可掌握詳細數據；

營運顧問機制創造「知識壟斷」：平臺指派營運顧問協助主播設計節目內容與時間表，透過「人與資料」雙重交織建立深層競爭壁壘；

用戶打賞行為資料不對稱：這套策略讓 17LIVE 即使面對內容重複與競品模仿壓力，仍保有高度控制力，並延緩市場對其核心營運模型的解構速度。

◇第六章　市場創新與競爭優勢

此策略讓 17LIVE 在同質化內容氾濫的市場中,仍保有領先者姿態,並延後其他平臺對核心商業模式的解析速度。

在資訊不對稱的策略布局中,企業須將優勢由「知識擁有」推進至「認知控制」：

知識擁有是建立資料收集、分類與分析的能力；

認知控制則是讓市場照著企業設定的語言、邏輯與節奏行動。

具體策略包括：

建立自有指標語言：如社群影響力分數、互動品質指數等,創造自家語言與市場衡量標準；

推動類別重定義：將產品置於新類別中,引導消費者重設比較基準；

封閉式內容生態：將內容或服務納入平臺內循環,避免資訊被外部平臺學習或模仿；

延後競爭學習曲線：即使開放部分資料,也僅限低價值或易模仿面向,核心機制以制度與技術雙軌保護。

這些策略皆符合孫子「虛虛實實」之意,即以資訊結構塑造實力錯覺與優勢延伸。

第三節　創造資訊不對稱的市場領導策略

> **管理啟示：**
> **真正的競爭優勢，來自看不到的資訊差**

孫子曰：「形人而我無形，則我專而敵分。」企業若能掌控資訊節奏與框架，就能讓對手始終無法對齊。

資訊不對稱可為企業創造顧客依賴與競爭延後效果；

演算法設計與資料所有權將成為未來企業價值主戰場；

非開放性資料策略能穩定平臺生態並防止惡性競爭；

品牌語言與定義能力是認知層面的戰略武器；

從知識占有到節奏控制，是企業從防禦走向進攻的關鍵一步。

資訊雖無形，卻能成勢。若企業能善用虛實戰術，操控市場理解與競爭節奏，即使資源未必最多，也能形成最難對抗的領導力。

◇ 第六章　市場創新與競爭優勢

第四節　創造虛實之間的品牌記憶點

在品牌經營中,「虛實相生」的智慧尤為關鍵。成功的品牌不僅靠實體商品立足市場,更仰賴虛構的情感連結、價值想像與文化認同構築持久的「記憶印痕」。

品牌記憶點是顧客在接觸品牌後,仍能在腦海中保留、喚起的獨特訊號。這不必然來自實體接觸,反而多源於虛構的文化象徵、視覺意象或情境敘事 —— 虛中生實,實中藏虛,方為品牌勢學之道。

◆ 品牌記憶點的三大策略機制

情境式觸發:當品牌與某個特定情境緊密連結時,顧客一旦進入該情境就會自動聯想品牌,如可口可樂與「用餐時刻」、Nike 與「突破自我」;

符號化簡約:以極少元素代表極大意義,如星巴克綠女神、被咬一口的蘋果、Gogoro 的環形大燈,皆為高度簡化的虛構意象,卻引導強烈品牌識別;

敘事邏輯綁定:將品牌放進一個「可被講述」的故事邏輯中,讓消費者不僅記得品牌,而能主動轉述其價值與象徵意義,如特斯拉與「改變未來」、Netflix 與「挑戰傳統」的對比敘事。

這些策略皆可視為品牌戰略的虛實布局 —— 虛為意象、文化與故事,實為商品、服務與使用體驗。

第四節　創造虛實之間的品牌記憶點

案例研究：
Oatly 如何以文化敘事與視覺虛構建立品牌記憶

Oatly 是一家瑞典植物奶品牌，其在全球崛起並非因為產品本身具備壓倒性競爭力，而是透過品牌策略的虛實設計，在消費者心中植入強烈記憶點，成功打破乳品市場的固有分類。

品牌標語即敘事切口：以"I'm not milk"為招牌語言，不僅直接挑釁乳品類別，更提出一種「更符合未來」的選擇宣言；

手寫字體與包裝留白：拒絕光滑、制式的包裝語言，採用手寫標語與大量留白設計，形成獨特視覺記憶點與「有機」、「非主流」的文化投射；

環保態度的敘事劇場：Oatly 透過公開信、諷刺廣告、自嘲行銷手法，強化「我們不是完美，但我們誠實、努力」的品牌角色印象；

跨領域聯名與街頭出沒：從音樂節、書店、街頭咖啡車等場域出現，讓品牌不是被看見，而是「被撞見」，提升情境記憶的鮮明度。

Oatly 並未試圖在口感或營養指標上與牛奶正面衝突，而是透過敘事、設計與文化行動，打造一種「我不是你，但我有我的理由存在」的消費者情感位址。這讓它不只是產品，更是一種認同的語言平臺。

◇第六章　市場創新與競爭優勢

　　品牌記憶點的關鍵，不在於品牌「怎麼說」，而在於讓消費者「怎麼記」。以下策略即為虛實並進的構成方式：

　　具象轉譯抽象價值：將價值觀（永續、創新、包容）轉化為可看見的視覺與語言，如 Pantone 色彩標語即為轉譯範例；

　　讓消費者參與敘事：透過自定義內容、生產模板、品牌社群等機制，讓使用者在使用中也為品牌建構內容；

　　語言即識別系統：創造屬於品牌的語調與句型，如「我們不是……，我們只是……」這種可轉用句式；

　　利用反常規來創造印象點：與市場主流語言與視覺反其道而行之，更容易獲得記憶留存，如 Oatly 的大量留白與自我解構式包裝語言。

✦ 管理啟示：虛實交織，方能形成品牌勢能

　　孫子曰：「兵無常勢，水無常形。」品牌戰略亦然。若能在虛實之間找到記憶與情緒的連結點，品牌不僅可被看見，更可被留下。

　　虛構敘事與實體設計的整合，是記憶點可被編碼的基礎；
　　品牌不在於多說，而在於創造可被傳遞的話語與場景；
　　情境綁定策略能讓品牌從功能連結轉為心理觸發；
　　品牌應成為顧客敘事的一部分，而非單向告知的主體；

第四節　創造虛實之間的品牌記憶點 ◇

　　記憶點若能自動浮現，即使不在場，品牌仍能在腦海中佔位。

　　虛實相生，是品牌進化的核心機制。企業若能操控敘事之虛與符號之實，即能在茫茫市場中築起屬於自己的記憶之牆。

◇第六章　市場創新與競爭優勢

第五節　跨域結盟與破壞式創新

孫子兵法〈虛實篇〉有言：「出其所不趨，趨其所不意。」這句話道出制勝的精髓——從敵人未曾設防處突圍，結合外部力量破其堅壁，才能迅速瓦解對手防線。在商業策略中，這句話正是跨域結盟與破壞式創新的精準寫照。

從 Uber 顛覆計程車，到 Spotify 重塑音樂產業，這些企業無一不是靠跨域思維與策略聯盟來建構「不對稱競爭力」，改變市場規則，讓原有霸主措手不及。

◆ 破壞式創新的兩大槓桿：跨域結盟與平臺策略

破壞式創新源於克里斯汀生（Clayton Christensen）的研究理論，意指企業透過低成本或新邏輯，攻擊既有市場中被忽略的客群，進而反轉產業主導邏輯。而實務中，能快速推動此類創新的方式，常見以下兩項槓桿：

跨域結盟（Cross-sector Alliance）：與不同產業者合作，共享技術、客群、資源或通路，突破原有能力邊界；

平臺化策略（Platform Strategy）：將單點服務轉為整合式平臺，吸引多方參與，創造規模效應與網路效應。

這兩者若能搭配運作，便能形成破壞式創新的「隱性槓桿力」，讓企業以小搏大、借力使力。

第五節　跨域結盟與破壞式創新

案例研究：LINE Bank 如何以異業結盟顛覆臺灣數位銀行市場

2021 年 LINE Bank 正式在臺灣開業，挑戰傳統銀行業。其策略不在於利率或費用競爭，而是結合通訊、電商、行動支付三大跨域資源，進行全面性的破壞式切入。

結盟母體 LINE 社群與 LINE Pay 支付生態系：無需重新建構用戶基礎，直接套用 LINE 帳戶即可開戶與登入；

金融服務模組化平臺：如「子帳戶」、「共同理財空間」、「朋友互轉」等功能，以社交語言重寫金融互動邏輯；

與遠傳、PChome、富邦媒體等多方業者進行推廣聯盟：如綁定電信帳單減免、購物金回饋，打造非金融場域的觸發點；

用戶體驗簡化為 APP 導向操作流程：全流程無紙化，開戶不到五分鐘，讓用戶無感切入金融生態。

這些策略讓 LINE Bank 在短時間內突破百萬用戶門檻，成為新型態平臺型金融品牌代表。LINE Bank 的成功並非來自單一金融產品的優勢，而是透過跨域平臺整合，將「社交關係、支付習慣與消費場景」轉化為金融互動入口。在行為設計上從語言、流程到觸發節點，皆貼近新世代的數位直覺，打造出一種「無感切入金融」的體驗結構，堪稱亞洲市場最具平臺特色的純網銀範例之一。

◇第六章　市場創新與競爭優勢

要有效利用結盟與破壞式創新，企業需掌握以下五項原則：

從非競爭產業借力：選擇異業，但具共同利基者，如通訊與金融、零售與資料、旅遊與醫療等；

建構交集價值：設計雙方能共同受益的模組或商品，而非單方引流；

在用戶不察覺處滲透市場：如從生活場景中自然引入產品，而非刻意推廣；

轉換產業語言：以新語言重構使用者的理解與行為，如把「銀行帳戶」說成「朋友群組裡的理財空間」；

階段性滲透，而非一次推倒：逐步讓原產業的價值鏈碎片化，從周邊突破核心。

這些原則皆符合孫子兵法「攻心為上，攻城為下」、「出其不意」的策略精神。

✦ 管理啟示：借力點火，讓破壞變成資源聚合

《孫子兵法》曾指出：「治亂，數也；勇怯，勢也；強弱，形也。」強調戰場上的秩序與混亂、勇與怯、強與弱，並非絕對狀態，而是在結構與形勢中彼此轉化。正因如此，管理者須洞察形勢轉折的根源，在看似強大的對手中找出潰口，在團隊疲弱時建立秩序與鼓舞節奏。當企業內部試圖以穩定

制衡時，往往忽略來自外部的顛覆挑戰。破壞式創新並非混亂，而是新秩序的預告。

破壞不是硬攻，而是轉向，是從語言、邏輯與通路的轉換入手；

跨域結盟的目的是突破封閉思維，而非短期合作利益；

真正的破壞式創新是用他人熟悉的語言，講自己的戰略故事；

當顧客習慣你定義的使用方式，原本強者也會變得無所適從；

創新不必革命性強，只要顧客開始用你的邏輯生活，整個市場就將為你所轉。

跨域聯盟與破壞式創新，實為現代管理者最需掌握的戰略雙軌。若能如孫子所說「出其所不趨，趨其所不意」，則能在穩定市場中突圍，塑造全新賽局。

◇第六章　市場創新與競爭優勢

第六節　Dyson 如何用風扇與吸塵器打破市場印象

孫子兵法〈虛實篇〉有言：「兵形象水。水之行，避高而趨下；兵之勝，避實而擊虛。水因地而制行，兵因敵而制勝。」兵之勝，不僅在於力量的強弱，更在於如何改變形勢、重新定義戰場。在現代商業戰略中，Dyson 正是一個典範——透過重新詮釋產品定義、打破消費者既定印象，將風扇與吸塵器兩種看似平凡無奇的品類，轉化為科技象徵與高價值品牌的代表。

✦ Dyson 的顛覆戰略邏輯

James Dyson 創立品牌時，其戰略並非單純改善產品性能，而是針對市場中最「不被重視」的品類進行徹底重構。他所運用的戰略核心，可歸納為以下三點：

重新定義品類語言：不再稱為「吸塵器」或「風扇」，而是「氣旋技術平臺」、「無葉風科技」，將產品從日用品推向科技語言框架；

顛覆使用者預期：以設計、科技與審美重新塑造品項，使消費者產生「這東西怎麼會是吸塵器／風扇」的衝擊感，讓品牌自然成為話題焦點；

第六節　Dyson 如何用風扇與吸塵器打破市場印象

用價格創造階層意象：產品定價遠高於市場均值，但透過科技敘事與產品性能，讓價格本身成為「地位、鑑賞力與生活品味」的象徵。

這些策略讓 Dyson 成功將「功能性商品」轉換為「科技精品」，打造出強烈品牌記憶點與消費願望。

案例詳解：
Dyson 風扇與吸塵器的兩項逆轉工程

無葉風扇的認知逆轉

2009 年，Dyson 推出 Air Multiplier 系列無葉風扇，雖並非第一個無扇葉產品，但其將產品徹底脫離「循環器材」語境，轉為「空氣動力科技展示平臺」。其策略包括：

視覺設計革命：無扇葉環形設計顛覆風扇外型，讓產品看起來更像科技雕塑，而非生活小家電；

科技語言替代機能敘述：廣告中強調「倍增氣流」與「氣流倍增器」，將風扇效能轉化為物理現象的呈現，塑造科技品味；

高價定位反轉購買邏輯：定價約為傳統風扇 3 倍以上，但用戶非因涼爽效果，而是因其帶來「審美權力與前衛生活風格」而購買。

◇第六章　市場創新與競爭優勢

吸塵器的高端重構

在吸塵器品類中，Dyson 的突破來自於：

氣旋分離技術的敘事包裝：雖為科學原理應用，但被重塑為「科技潔癖者的唯一選擇」；

無線化與輕量化：將吸塵器從收納用品變成可掛牆、展示、融入空間的生活科技物件；

社群與網紅行銷結合：品牌主動與設計師、醫師、時尚部落客合作，以使用情境與審美語言引導購買。

Dyson 的成功關鍵不在於技術本身，而是如何「演出技術」，將實體功能轉譯為文化象徵。這種轉化策略包含：

以極簡風格對抗傳統家電繁複設計，將「實」的科技內涵包裹於「虛」的美學意象之下；

透過高單價創造獨占性，讓商品看起來不像「大家都有」而像「只有懂的人才懂」；

持續推出跨品類新品（如吹風機、空氣清淨機），將品牌從吸塵器品牌轉化為「空氣控制技術品牌」，重新定義自身存在位置。

這種從機能邏輯轉向感官邏輯的策略，正是虛實之道的現代商業版本。

第六節　Dyson 如何用風扇與吸塵器打破市場印象

管理啟示：品牌的真正對手不是競爭者，而是消費者的舊印象

若企業只是在原有形象中優化，就永遠只能當市場的次選。但若能打破類別、重新命名語言，就能主導市場再定義。

從「功能改善」轉向「品類重構」，方能實現認知反轉；

視覺設計是攻破消費者預設印象的第一步；

高價不必迴避，反而應設計為吸引鑑賞力客群的策略槓桿；

科技產品的價值，來自於它所創造的情境與文化敘事；

品牌若能讓使用者說出：「這不只是吸塵器」，才是真正的市場顛覆。

Dyson 證明，就算是最無趣的產品，也能透過虛實交織、語言重寫與美學策略，變成世界上最受期待的科技品牌之一。這，正是孫子兵法「虛實之道」在消費者時代最極致的演繹。

◇第六章　市場創新與競爭優勢

第七章
時間策略與競爭壓力應對

◇第七章　時間策略與競爭壓力應對

第一節　打贏節奏戰：時間是最貴的資產

　　《孫子兵法》指出：「軍有所不擊，城有所不攻。」又言：「兵之情主速，乘人之不及。」這揭示了策略選擇的兩端原則——一方面要懂得節制與判斷，避免投入不具價值的戰線；另一方面，在關鍵時刻要以迅雷不及掩耳之勢奪取先機。現代企業若能精準判斷投入焦點，又善於行動快速、跨部門聯動，便能在市場中創造突圍契機。孫子深知，戰爭勝負常常不是兵力強弱決定，而是掌握時機與節奏的能力。這樣的觀點，在今日的市場競爭中同樣適用：時間不只是線性資源，更是一種壓倒性的競爭優勢。掌握時間節奏的企業，往往能在市場變化尚未顯現前就已經搶占位置，讓對手被迫進入被動追趕的狀態。

✦ 為何「快」不等於「急」：節奏與時機的區別

　　在戰略思維中，「快」並不意味著盲目的加速，而是節奏的掌握與時機的判斷。企業若只追求速度，容易產生資源錯置、品質失衡與內部疲勞；但若能掌握節奏，則能在對的時間點上，部署對的動作，創造最大化的市場槓桿。

　　節奏戰包含三層面：

　　外部節奏掌握：即產業季節、消費者行為循環、媒體風向等外部變化規律；

內部節奏設計：包含產品開發週期、組織營運周期、專案啟動與結束機制；

決策節奏調整：根據風險、機會與資訊速度調整決策節點的鬆緊與快慢。

節奏管理的目標，不在於追快，而在於讓企業成為「主動定節奏」的一方。

案例研究：PicCollage 如何以節奏管理建立 App 長壽型經營

PicCollage 是由臺灣新創 Cardinal Blue 於 2011 年推出的影像拼貼應用，長年在全球 App Store 持續穩居排行，成為極少數能「活過十年」的 App 品牌之一。其成功的關鍵，不是一次爆紅，而是透過精準節奏管理維持持續穩定成長。

市場節奏對齊：團隊根據全球不同國家的假期與慶典調整貼圖、版型上架時機，例如農曆新年、日本櫻花季、萬聖節、美國感恩節等；

產品週期節奏化：採用 8 週更新節奏，每一版本都有明確目標（如改介面、調整廣告、增加新功能），穩定開發又不影響營運；

使用者節奏分析：透過分析使用者活躍時間帶、創作行為的高峰期，調整通知與行銷活動的發送節奏；

第七章　時間策略與競爭壓力應對

　　行銷曝光節奏混合：結合內容創作者、教育工作坊與社群挑戰活動，避免一波操作後沉寂，反而採「小頻率、穩輸出」模式維持曝光熱度。

　　PicCollage 的成功來自於它不追逐爆量下載或短期病毒式行銷，而是以節奏為核心的穩定策略：從市場節奏、產品迭代到用戶互動節點，全數設計為「可被預期、可被持續」的操作方式。這使它成為臺灣少數真正實踐「慢即是快」品牌哲學，並以十年以上壽命穩居全球設計應用市場的常青型產品。

　　企業若要掌握節奏優勢，需採用以下策略設計：

　　節奏看板化（Rhythm Dashboard）：將組織各單位任務節奏視覺化，協助跨部門對齊；

　　逆時鐘專案規劃法（Reverse Clock Planning）：從目標日期往回推算關鍵節點，反推節奏節點與資源配置；

　　三層速度模型（Three-speed Model）：核心決策慢、戰術部署中速、內容產出快，以穩定為核、靈活為枝；

　　策略鬆緊週期交錯：如以每季為單位做節奏鬆緊交替，例如第一月高壓推進、第二月調整修正、第三月休整迴響。

　　這些工具皆為企業提供可操作的「節奏管理系統」，讓組織從感覺式行動轉向節奏式行動。

◆ 管理啟示：掌握時間，就掌握市場定義權

孫子曰：「先處戰地而待敵者佚，後處戰地而趨戰者勞。」換句話說，能先一步就定位的人，將在戰爭未發生前已獲勝。在現代競爭中亦然：

時間管理不是行事曆安排，而是策略控制系統；

快並非優勢，節奏才是真正的節制力；

節奏領導者，將迫使市場跟隨其步伐行動；

掌握節奏等於掌握反應預期，進而創造市場主導權；

企業若能在風暴來臨前就完成布局，將永遠立於不敗之地。

企業的未來，不只取決於資源、技術與人力，更關鍵於能否「先於市場一步」。掌握時間節奏，不僅是效率問題，更是戰略主動權的核心。

◇第七章　時間策略與競爭壓力應對

第二節　「道高一尺」的反應策略與超前部屬

孫子在〈兵勢篇〉中提到：「故善戰者，求之於勢，不責於人，故能擇人而任勢。」這段話強調真正高明的戰略不僅來自個人能力，而是善用形勢與節奏，順勢而為、因敵制勝。企業經營亦同，若一味追求快速反應，往往淪為應對戰；若過度強調預測規劃，則可能錯估形勢。唯有建立「預先布局」與「彈性反應」的雙軸能力，才能形成穩定而靈活的競爭態勢。於管理上，這可解釋為兩大戰略心法：一是能迅速應變、動態反應；二是事先部署、預防於未然。企業若只追求反應力，則易陷疲於奔命；若只倚仗預測力，又可能錯判形勢。唯有同時掌握「超前佈署」與「即時反應」兩種能力，才能真正形成市場競爭優勢。

◆ 「反應力」與「部署力」的雙軌驅動

現代競爭速度加快、變化頻繁，管理者需擁有雙軌思維：

反應策略（Responsive Tactic）：對突發情勢能迅速反應，如客服應對、社群輿論、供應鏈斷裂等；

超前部屬（Proactive Deployment）：預測趨勢、風險與機會，提前布局資源與決策節點。

第二節　「道高一尺」的反應策略與超前部屬

兩者的區別在於：反應處理的是「現在」，部署面對的是「未來」。而孫子的智慧正是強調：「能先知者，不可勝於敵。」

案例研究：
防疫期間 momo 購物網的反應力與前置部署

2020 年新冠疫情初爆發之際，臺灣各大電商平臺面臨前所未有的物流壓力與防疫物資搶購潮。在此之中，momo 購物網的雙軌因應成為業界典範：

前置部署策略：早於疫情發酵前兩個月，momo 即主動預訂口罩、乾洗手、衛生紙等品項，並與多家中小廠商建立替代供貨名單，減少過度依賴單一供應鏈；

反應策略機制：當實體零售陷入排隊與缺貨問題，momo 透過 AI 預測模組重分配物流資源，將熱門商品改為每日定時開放購買，以緩和伺服器流量與消費者搶購壓力；

內部指揮鏈改良：內部成立「快速應變小組」，每三小時更新一輪供應狀況與消費者投訴指數，並即時調整前臺介面與商品顯示邏輯；

超前顧客服務部屬：疫情初期即啟動客服遠距訓練與 VPN 分流模式，避免內部中斷導致客服癱瘓。

結果，momo 在疫情高峰期不僅維持服務穩定，反而逆勢成長市占率，在使用者心中建立「有備而來」的信任形象。

◇第七章　時間策略與競爭壓力應對

企業欲建立穩固的雙軌能力，可從下列四方面著手：

建立事件模擬劇本：針對高機率風險事件建立標準應對劇本，縮短反應時間；

風險前瞻雷達：以市場監測、社群分析與供應鏈指標建立早期預警系統；

策略地圖動態更新機制：將原本靜態策略地圖轉為動態儀表板，每週滾動更新可能風險與資源分布狀況；

決策授權下沉制度：在危機時刻讓前線可即時拍板，避免等待高層批示而失去反應黃金時間。

這些制度的共通點，在於以組織流程制度化「預判」與「即應」的能力，而非臨時倚靠經驗或英明領袖的靈感。

管理啟示：
市場競爭不在多強，而在誰準備得更快

一支能快能穩的團隊，既能如風迅疾應對，也能如林靜謐蓄勢。現代企業若能建立雙軌節奏，即可在變化未發生前已完成準備，在風暴來臨時安然前行。

反應力讓你在亂局中存活，部署力讓你在變局中領先；

前置模擬是節奏設計的基礎，而非事後彌補機制；

即時應變的關鍵在於資訊可視化與授權下放；

第二節 「道高一尺」的反應策略與超前部屬

部署不只是風險管理,更是市場布局的主動權所在;

企業若能練就「道高一尺」的視野與制度,即使天下大亂,亦能處變不驚。

孫子兵法從來不只是戰術之學,更是節奏與結構的管理指南。企業唯有在戰前「早一步」、在變化中「快一點」,才能在市場競爭中,真正從被動者轉為主動布局者。

◇第七章　時間策略與競爭壓力應對

第三節　在危機中快決策與準行動的訓練

孫子兵法〈軍爭篇〉強調：「凡用兵之法，將受命於君，合軍聚眾，交和而舍者，莫難於軍爭。」軍爭之難，在於決策與行動的即時性與準確性。放諸現代管理，當企業面對危機時，領導者必須在時間緊迫、資訊有限、壓力劇烈的情境下做出快速決策，並能立即指揮部屬正確執行，這是一種組織「臨戰思維」的整體訓練，而非單點英雄行動。

✦ 快與準：現代組織的雙重戰備能力

在危機情境中，成功的決策包含兩個特質：

快速反應：能在資訊不完全的狀況下快速拍板，避免錯失關鍵時機；

準確判斷：能基於已知資訊做出大致正確的判斷，錯誤率控制在可承受範圍內。

這兩者並非矛盾，而是需經由制度、流程與文化共同鍛鍊出的應變力。快速但不準是魯莽，準確但過慢是遲疑，唯有兩者兼具，才能在危機中取得主動。

案例研究：印尼亞洲航空 AirAsia 如何於空難危機中即時決策與穩定溝通

2014 年 12 月 28 日，AirAsia QZ8501 航班在印尼上空失聯，成為該公司創立以來最嚴重的一次飛安危機。與傳統航空公司不同，AirAsia 在此次危機中展現出前所未有的快速決策力與公關穩定性，獲得全球媒體正面評價，反轉了對廉航安全的不安印象。

三小時內建立危機指揮中心：AirAsia 在接獲失聯通報後不到三小時，立即由執行長 Tony Fernandes 親自主持組成跨部門危機小組，並指派唯一對外窗口避免資訊混亂；

快速對外發聲與誠懇語調：在資訊尚不明朗的情況下，公司並未等待調查完成才表態，而是採誠懇、低姿態發言：「我們會負責到底，我本人會飛往印尼現場」；

數位與傳統通路同步啟動：官網首頁即時改版、臉書即時更新資訊、Call Center 加派人力、協助親屬即刻啟程前往協助地點；

內部指令準確分層執行：將回應工作分為三層——政府聯絡、媒體窗口、受害者家屬照顧，分線處理避免內耗與重疊。

事後，儘管事件本身仍為悲劇，但 AirAsia 整體反應被視為企業危機應變與決策速度的典範之一。

◇第七章　時間策略與競爭壓力應對

企業若欲在危機時刻擁有「又快又準」的決策能力,可從以下三方面打造:

情境模擬演練:定期進行高壓模擬演練,讓領導團隊習慣資訊不明與突發變數下的決策節奏;

決策分權矩陣:建立每層主管在何種情況下可單獨決策之範圍,避免關鍵時刻權責模糊或層層請示;

情緒穩定訓練與語言腳本:對公關部門與一線客服進行語言一致性訓練,以減少危機時誤用措辭而引爆爭議。

這些訓練機制能幫助組織在面對壓力時仍保持冷靜、有節奏地運作,將恐慌轉化為行動指令。

✦ 管理啟示:臨戰決策的本質是習慣、不是勇氣

臨危而定者,常非即興發揮,而是平時訓練出的集體反應。

快決策不靠膽識,而靠制度與經驗累積;

準決策不在於全知,而在於願意負責與快速修正;

領導者在危機中首重語調、節奏與信任感,而非控制慾;

危機不是考驗個人能力,而是驗證組織結構是否能穩定運作;

愈能在小事件中練習快與準,愈能在大事件中不亂陣腳。

第三節　在危機中快決策與準行動的訓練

面對危機，企業若能做到「快但不亂、準且不遲」，即能在混沌之中取得秩序與尊敬。這不只是兵法的智慧，更是現代組織應變的生存條件。

◇第七章　時間策略與競爭壓力應對

第四節　如何建立動態決策機制

　　戰爭中的致勝關鍵，在於隨時應變與靈活調度。對現代企業而言，這正是「動態決策機制」的核心價值——在變化中掌握穩定、在不確定中創造優勢。面對全球化與數位化所帶來的高速變局，傳統的靜態年度計畫與金字塔式決策模式，早已無法應對瞬息萬變的市場節奏。

◆ 什麼是動態決策機制？

　　動態決策機制是一套能根據情勢變化即時調整優先順序、資源分配與行動步驟的決策系統。其核心概念包含三個關鍵元素：

　　敏捷節奏：決策週期不以季度或年度為單位，而是依實際情況靈活滾動調整；

　　資料驅動：依據即時資料重新評估市場動向與內部資源狀況，確保判斷不落後於現實；

　　前線授權：將決策權適度下放至最靠近問題發生現場的團隊，提升反應速度與行動精準度。

　　這樣的系統，強調從「長期規劃」轉為「持續導航」，從「逐層審核」轉為「多點共構」，符合孫子所言「兵無成勢，無恆形」。

案例研究：
Mercari 如何用動態決策應對日美兩地市場波動

Mercari 是日本最大二手商品交易平臺，2014 年進軍美國市場後，面臨文化差異、物流體系與法規制度等挑戰。為因應快速變化的外部環境與組織內部調整需求，Mercari 實施一套動態決策機制，成為其跨國擴張穩健成長的關鍵。

每日 10 分鐘站立會議（Daily Stand-up）：全公司採敏捷 Scrum 節奏進行每日短會，快速同步進度、挑戰與資源缺口；

雙軌策略會議制度：滾動開會查看 KPI 與市場指標，由產品、行銷與營運共同討論是否需調整方向；

數據即時可視化儀表板：透過內建儀表板追蹤商品流通率、用戶活躍度與顧客回饋，自動導入優先處理項目；

授權前線推翻決策：若前線資料顯示策略不符實情，現場主管可上報中止指令流程，改以新策略啟動。

透過這套機制，Mercari 即便面對美國物流法規與日元匯率劇變，仍能靈活調整推廣策略與商品政策，避免落入靜態計畫失靈的陷阱。

企業若想建構動態決策能力，必須打造下列三項制度基礎：

滾動式策略檢核：每月針對策略指標與外部風險進行快速回顧，並可臨時調整資源配置與人員任務；

◇第七章　時間策略與競爭壓力應對

共識型會議節奏：透過定期、節奏化的跨部門會議建立資訊透明機制，減少資訊孤島與延遲；

預判式資料通報系統：由資料團隊主動對外提供變化警示，如轉換率下降、流量波動、顧客負評激增等預警數值。

這些制度的關鍵不在於「做得完美」，而在於「能否快速修正」。因為在變局中，錯誤不是最可怕的，無法及時修正才是敗因。

管理啟示：固定決策節奏是穩定的假象，變動才是本質

水因地而制流，兵因敵而制勝。企業亦當如此，應因市場變化與顧客行為調整其策略節奏。

靜態決策流程不再適用於高變局的市場；

動態決策的關鍵是頻率與授權，而非高層的深謀遠慮；

滾動式策略與數據導向的更新機制，能避免策略錯位；

組織節奏應成為管理一部分，而非單純 KPI 目標附屬；

能不斷調整決策邏輯的企業，才能在變動中站穩腳步。

掌握動態決策，企業才能真正從「預測未來」轉向「適應未來」。這正是孫子兵法「變化以應，勝者之道」在今日管理中的活用寫照。

第五節　壓力環境下的領導與指揮

孫子兵法〈謀攻篇〉中提到：「將者，國之輔也。輔周則國必強，輔隙則國必弱。」領導者之於軍隊，如同神經中樞之於身體，尤其在壓力環境下，領導的每一項指令與判斷都可能成為戰局轉捩的關鍵。現代企業在面對高度競爭、資源緊縮、內外部風險共振的環境時，領導者的角色已不僅是決策者，更是節奏掌控者、情緒穩定器與文化詮釋者。

✦ 領導者在壓力場的三重功能

在壓力情境下，領導與指揮不僅是技術問題，更是心理與結構的整合問題，其功能可分為三類：

情緒穩定器：危機時期，員工最關心的不是策略，而是安全感與秩序感，領導者需傳遞穩定氛圍與一致訊息；

節奏調配者：領導者需調整團隊的工作密度與決策步調，避免過度急促或陷入拖延；

資源重構者：在資源緊張下，需重新配置人力、時間與任務，發揮最大化槓桿。

這三者的交錯形成一種「領導場效應」，影響整個組織的應變速度與韌性。

◇第七章　時間策略與競爭壓力應對

案例研究：南韓 Coupang 如何在疫情爆量訂單中穩定軍心與保持指揮效率

Coupang 是南韓最大電商平臺之一，2020 年新冠疫情爆發時，其訂單量在短短兩週內暴增三倍，倉儲與物流壓力暴增，造成現場員工緊繃、媒體批評、供應鏈混亂等多重危機。在這樣的壓力場中，Coupang CEO 金範錫展現出一系列高效領導行動：

即時傳遞心理安撫訊息：於第一時間透過內部影片與語音廣播向所有倉儲員工保證「公司不會裁員、不會減班」，穩定情緒；

每日前線簡報與回饋機制：讓領導團隊直接與倉儲主管進行短時間「即問即答」會議，縮短溝通落差；

重新編排物流任務動線：由指揮系統即時調整配送排序，優先處理高需求生活品項，降低社會負評擴散；

前線激勵即時給付：設置「當日任務達標現金獎勵」，並於下班前即刻發放，提升士氣與行動一致性。

這些策略讓 Coupang 在面臨市場劇烈波動時，仍維持整體履約率與顧客滿意度，並於 2021 年順利於美國 IPO 上市。

為了在壓力環境下進行高效指揮與領導，企業需訓練以下系統能力：

建立「領導演練」機制：模擬危機劇本，設計領導者壓力回應與調度對話練習；

透明即時的內部溝通平臺：如 Slack 戰情頻道、Line 群速報系統，讓全體同步進度與領導指示；

權責對位的行動準則：每一職級在每一類壓力情境下應具備的行動邏輯明文化，避免臨場混亂；

領導語言腳本訓練：如「我在現場」、「我為你們做什麼」、「這不是你的錯」等心理支持語句，成為危機語彙。

這些設計重點不在於完美無瑕，而在於形成穩定的心理預期與行動依賴，讓團隊即使在壓力場中也能保持邏輯與信任。

管理啟示：
領導的力量來自存在感，而非控制欲

領導者所處的位置，往往左右整個組織的方向與安危。執行命令之人，更是連結決策與實務、穩定與變革的核心節點。領導者在壓力下的每一個選擇，決定了團隊是否能堅持信念與穩定行動。

壓力情境下的領導力在於「在場感」，而非指令密度；

一個穩定語調與可預測邏輯，是領導者最強的安撫武器；

領導不用做所有事，而是讓每個人都知道「他做得對」；

◇第七章　時間策略與競爭壓力應對

在壓力時刻建立行動默契，比建構戰略藍圖更關鍵；
願意承擔壓力的領導，才能贏得信任與追隨。

壓力場，是檢驗領導的試金石。在瞬息萬變的時代，唯有將軍不亂，才能帶兵不潰，這正是孫子兵法賦予現代企業領導者的深層啟發。

第六節　Shopee 如何在快閃電商中建構時效優勢

戰爭中的速度，不僅是移動快，更是反應、部署與行動的整體節奏掌握。放眼當代電商產業，Shopee（蝦皮）正是將「兵貴神速」運用至極致的代表。面對節慶促銷、快閃活動、瞬間湧入的用戶流量與競品壓力，Shopee 憑藉其時效優勢在東南亞與臺灣市場快速建立領導地位，其背後的速度邏輯與戰略部署，正是孫子兵法精神的現代化實踐。

✦ Shopee 的時效思維三部曲

Shopee 的「快」，不是單一流程快，而是組織層面多節點的合作加速，核心體現在三個方面：

技術即時響應：Shopee 架設多層級分散式雲端架構，能承受瞬時百萬級同時用戶交易，確保快閃活動期間網站不卡頓、不當機；

物流整合壓縮時間差：透過自營物流 Shopee Xpress 與第三方物流合作，建構「2 小時集貨、當日出貨」的倉配策略，縮短從下單到取貨的等待時間；

行銷與商品作業模組化：將大型行銷活動切割成模組套件，包含倒數頁、限時折價券、指定品類清單等，讓不同國

◇第七章　時間策略與競爭壓力應對

家、平臺版本都能快速導入、即時更新。

這套三部曲，讓 Shopee 從節奏規劃到戰術執行均以「天」為單位，形成高頻小波段的營運節奏。

案例研究：
雙 11 快閃戰役中的 Shopee 實戰部署

以 2022 年 Shopee 雙 11 為例，平臺在 72 小時內完成超過 18 項快閃活動，其中包含 0 元免運、整點紅包雨、指定品牌搶先開賣等多層設計，其背後是高度組織協作與決策加速：

活動前六週預跑測試：Shopee 將雙 11 活動拆解為主視覺、流量入口、品類焦點三軸線，同步於 APP 首頁內做 A/B Test，測試點擊率與轉換指標；

即時彈性排程系統：每一活動頁面背後都有多重素材與文案備援，若轉換率異常，系統會依機器學習自動切換曝光版型；

商品選品「戰情室」機制：活動當週每日召開多次站會，由品類小組、營運分析師與業務主管共同檢視銷售、庫存與負評即時資訊，滾動式調整廣告與曝光順位；

倉儲分區即時標示與分流：臺灣六大倉庫同步啟動標籤系統，將高頻快閃商品集中至單一區域，減少揀貨時間，提升出貨率。

第六節　Shopee 如何在快閃電商中建構時效優勢

Shopee 的神速反應並非偶然,而是來自其「快速文化」與「戰備型制度」:

高頻同步會議制度:每一重要行銷檔期前,行銷與營運團隊進行「日級檢討」、「夜級備援」,即每晚彙整當日 KPI 並即時輸出明日策略,形成滾動式修正節奏;

容錯率導向的決策文化:允許快速測試、快速否決、快速調整,避免完美主義拖慢流程;

前線數據授權機制:各區市場團隊擁有一定比例的流量配置與活動變更權限,無須層層申請即可迅速應對在地變化;

員工訓練即為模組操作熟練:新人上任即導入「快閃模組教練制」,10 日內須完成 3 次獨立排程並分析成效報告。

這些制度讓 Shopee 能如軍事單位般,執行快閃作戰任務而不陷混亂。

◆ 管理啟示:速度不僅是競爭力,更是文化建構

孫子曰:「兵聞拙速,未睹巧之久也。」企業若能掌握節奏,甘冒小風險快速行動,比起謀定而不動的「巧」,更能在市場搶占先機。

電商時代的成功不在於最低價格,而在於最快反應;

快閃即戰力的背後,是組織預備動能的實力展現;

速度文化不靠壓力,而靠模組化、資料化與信任制度;

◇第七章　時間策略與競爭壓力應對

領導者若能掌控節奏場域,即使每天都打快閃仗,也能運籌帷幄;

Shopee 用快節奏贏得時間,也用快時間贏得信任與成長。

Shopee 的時效布局不只是物流與促銷,更是一種從上而下、全員參與的戰備狀態設計。這種節奏型優勢,正是孫子兵法在今日快閃商戰中的最佳寫照。

第八章
危機轉向與策略彈性

◇第八章　危機轉向與策略彈性

第一節　從轉向到轉勝：危機中的策略彈性設計

孫子兵法〈始計篇〉云：「將者，智、信、仁、勇、嚴也。」在變局之中，將帥不僅需明辨情勢，更需靈活應對，方能轉危為安。九變之義，在於應地制宜、審時度勢、靈活轉化，這正是現代企業在危機情境下需要的策略彈性思維。企業在遭遇不可預期之衝擊時，是否擁有一套靈活應變的機制與轉型策略，決定了其能否度過關鍵轉折點。

✦ 策略彈性的三大核心層次

策略彈性並非即興反應，而是可預設、可管理、可訓練的組織能力。可分為以下三層：

結構彈性：指組織架構本身是否具備調整彈性，例如部門職能是否可重組、預算是否可機動配置；

流程彈性：指組織內部的決策流程、供應鏈與資訊系統是否能快速切換與再設計；

認知彈性：領導與團隊能否快速改變思維框架、接受新情境與反常規策略。

這三層若能形成互補，企業就能從「維穩」轉向「轉進」，甚至進一步轉勝。

案例研究：誠品生活的策略轉向 ── 從書店到文化場景的蛻變

誠品生活作為臺灣代表性的文化品牌，自 1990 年代以書店起家，在面對網路書店興起、實體零售衰退的趨勢中，若固守「書籍販售」邏輯，早已無以為繼。但誠品的轉向戰略展現出絕佳的策略彈性：

結構彈性 ── 轉型為生活平臺集團：誠品將組織主體從「書籍販售部門」擴張為「誠品生活」，整合餐飲、展覽、文創商品、空間租賃，將書店變為複合文化商場；

流程彈性 ── 內部跨部門整合機制再造：取消傳統書籍部門、文創部門與行銷部門壁壘，設立「策展單位」跨部執行活動企畫與動線設計；

認知彈性 ── 品牌定位從『閱讀場所』進化為『文化場域』：透過大型展演、策展式書牆、旅店整合、海外據點（如誠品馬來西亞）推廣臺灣文化輸出，讓顧客不再只為買書，而是為體驗而來。

誠品的策略彈性不在於快速逃避書店本業，而是在保存核心價值（文化、美學、策展力）的基礎上轉換運作模型，真正體現「因勢利導、轉危為機」的戰略精神。

企業若欲建立有效的策略彈性，不可僅停留於「變通」思維，而需系統性建構「變局機制」：

◇第八章　危機轉向與策略彈性

關鍵資源鬆綁設計：將部分人力、預算設計為「應變池」，不綁定於單一部門，由危機團隊緊急調度；

常態化：每季檢視產業、政策、社會變化所產生的可能衝擊情境，提出三套以上對應方案；

彈性決策窗口：設定某些時點（如月末、季末）為策略調整窗口，能合法、迅速地改變計畫與預算方向；

學習型文化支持系統：允許內部試錯與反向實驗，不用固定 KPI 來否定創新部門短期成效。

這些機制建構的不只是反應力，而是一種組織的內生彈性。

✦ 管理啟示：能變才有活路，不變必死無疑

《孫子兵法》反覆強調，戰爭與策略的本質在於「變」。若一味固守成功模式，終將被動挨打；若只能隨敵變化而應對，則永遠落後半步。這也正是企業領導人常犯的兩種錯誤：一是相信原有制度可長久適用，二是以對手動作為反應起點。唯有建立能主動調節、預判趨勢並快速試錯的組織結構，才能真正實踐孫子所說的「能因敵變化而取勝者，謂之神」。企業若僅依賴過去成功模式，面對不確定時代將步履維艱。

策略彈性來自系統設計，不是領導者臨時靈光乍現；

從結構、流程到認知的三層彈性，是組織韌性的根基；

轉型不代表背叛核心,而是用新形式延續舊價值;

彈性不是退讓,而是一種進攻姿態的調整;

若能在危機來臨前擁有轉向的能力,就能在他人混亂中穩步向前。

誠品之所以能持續被尊敬,不是因為它從不變,而是它在變動中堅持文化初衷。這正處變不驚,應變有術的現代演繹。

◇ 第八章　危機轉向與策略彈性

第二節　從品牌守成到策略再起：回應式轉型的最佳實踐

《左傳・宣公十二年》：「見可而進，知難而退，軍之善政也。」這句話正好詮釋了企業在面對環境變局時，應具備進退有據的戰略調整能力。當市場需求翻轉、商業模式老化、技術更新快速時，品牌若無法從守成轉向再起，就容易陷入被動與衰退。真正能長期存活的企業，往往不靠激烈創新，而是擅於回應環境，靈活調整。

✦ 回應式轉型的核心特徵

不同於主動式顛覆創新，回應式轉型是一種以現實為起點的策略應變。其特徵包括：

市場導向的調整起點：企業不是自己定義需求，而是順應消費者變化重新定位；

結構內部的重塑工程：常涉及組織、人員與通路的重整，而非單一商品更換；

品牌意義的再定義：從核心價值出發，重新與當代消費文化對話，建立新連結。

這種策略轉型方式，強調「不放棄舊基礎，而讓其成為新願景的跳板」，特別適合面對成熟市場的品牌轉型。

第二節　從品牌守成到策略再起：回應式轉型的最佳實踐

> **案例研究：**
> **王品集團如何從守勢品牌走向多品牌活化**

王品集團長年以高端餐飲與高服務品質為核心品牌形象，但隨著消費者偏好改變、年輕族群崛起與外送服務普及，單一品牌模型開始面臨挑戰。王品集團的回應式轉型，成為臺灣品牌活化的典型案例。

品牌結構重整與年輕化定位：2021 年起，王品推出多個次品牌，如「初瓦」、「享鴨」、「和牛涮」，以單一品項、平價策略切入中價市場，顯著吸引 20～35 歲族群；

營運模型轉換：導入自助式訂餐、App 會員制度、外送合作等數位化手段，擺脫傳統「服務生桌邊點菜」的高人力模式；

文化語言重設：品牌行銷從「高級款待」轉為「療癒系火鍋」、「朋友局」、「自己也要好好吃」等社群語言，貼近 Z 世代與單身族需求；

資源配置彈性提升：新品牌由原集團外部子公司營運，避免資源綁架，形成試錯與創新彈性。

王品集團的轉型不靠一夕劇變，而是透過品牌結構、營運模式、語言風格與組織分權的四軸調整，重建整體系統的「彈性模組化」。這正是孫子兵法所強調的「兵無常勢，水無常形」在品牌經營上的實踐──以變應變，以小測大，讓原

◇第八章　危機轉向與策略彈性

本可能老化與流失的品牌能重新「制於未形」，進入新的顧客節奏中。王品的這套模式，不只是救老品牌，更是建立新戰場。

若企業欲有效推進類似王品的回應式轉型，以下幾點為關鍵設計原則：

品牌組合策略清晰：設計品牌矩陣以涵蓋不同價格帶、年齡層與消費情境，避免互打；

轉型不等於複製成功經驗：新品牌應從用戶需求出發，而非套用原成功模式；

內部試錯容忍機制：允許新品牌測試期有盈虧浮動，採階段性資源投放機制；

語言更新與文化對接：透過社群媒體、口碑與生活風格活動，讓品牌話語權回到顧客身上。

這些策略讓品牌不僅在市場中「活著」，更能不斷獲得新族群青睞。

管理啟示：轉型不是拋棄，而是延續核心價值的另一種形式

孫子曰：「知可以戰與不可以戰者勝。」真正的轉型不是求新求變，而是知變應變，識時務而行。

回應式轉型強調與消費者節奏同步，而非自說自話；

第二節　從品牌守成到策略再起：回應式轉型的最佳實踐

品牌若不能持續與時代對話，就算再經典也會被遺忘；

策略的核心不是變得多快，而是能否在變中保留品牌靈魂；

有時最好的創新，是重新發現原本的價值；

從守成走向再起，不靠大膽突破，而靠溫柔而堅定的調整。

王品的多品牌活化，不是品牌重生的奇蹟，而是一場精密安排的「以變應變」工程。這也呼應了孫子在〈九變篇〉中強調的智慧型轉向：權變不離道義、靈活中有節制。

◇第八章　危機轉向與策略彈性

第三節　從產業退潮中求生：策略調整與價值重估

處事而後動，謀定而後戰。企業在面對產業退潮、總體經濟疲軟、技術轉向或消費行為急遽變動時，首要之務並非硬撐原有策略，而是透過謀略重估企業價值與市場位置，進行適時的策略調整。此過程非關求快，而在於準確判斷形勢、有效整合內外部資源，並做出系統性的價值重建。

◆ 策略調整的三大基本向度

當企業所處產業開始下滑，市場成長趨緩，或出現結構性改變時，策略調整應聚焦於以下三個向度：

價值主張重估：重新檢視企業所提供的核心價值是否仍為市場所需；

顧客對象重塑：原本的主力客群是否已流失？是否有新族群值得開發？

營運模型再設計：是否需要從產品轉為服務、從單次交易轉為訂閱制、或從實體轉向虛擬？

這些調整並非拆掉重來，而是在既有基礎上進行策略重新排列，讓企業得以順應產業節奏、重新找回生命週期優勢。

第三節　從產業退潮中求生：策略調整與價值重估

案例研究：Canon 如何從影像硬體轉型為商業解決方案品牌

Canon 長期為全球知名的相機與影印機製造商，然而近十年隨著手機攝影崛起、辦公室無紙化浪潮，以及疫情帶來的遠距工作轉變，其主力業務接連受到衝擊。若繼續堅守傳統產品市場，勢必面臨市場急速萎縮。Canon 的轉型之道正是一場經典的策略調整與價值重估範例。

重新定義企業定位：從單純的「硬體製造商」轉型為「影像與資訊解決方案供應者」，進軍文件管理、雲端影像安全與醫療影像分析等高階應用領域；

導入訂閱型營運模式：推出影印機租賃與雲端掃描管理系統，以月租型合約取代傳統購買，穩定企業用戶長期合作與資料累積；

深耕垂直產業解決方案：開發醫療成像分析系統與政府文件資料數位化服務，結合 AI 與大數據建構高附加價值解決方案；

文化與思維更新：內部成立「Canon Innovation Lab」，從技術人員訓練到業務語言轉換，全面推動「從賣產品轉為賣效能」的文化轉向。

這些策略使 Canon 能從一個相機、影印機的製造大廠，轉型為在 B2B 領域中具備高度競爭力的解決方案供應商。

◇第八章　危機轉向與策略彈性

企業在面對產業退潮時，若欲避免陷入被動與削價競爭，可考慮以下調整原則：

強化資料基礎的市場預警機制：從顧客流失率、商品使用數據與投訴內容中提早識別產業退潮指標；

設立「價值反思小組」：由產品、行銷、財務與顧客服務等部門組成策略評估小組，定期檢視價值主張與目標市場的適配度；

建立轉型緩衝資金池：預留年度預算 5～10% 作為策略重構與組織再設計基金；

推出最小可行產品（MVP）測試新價值提案：以小規模試驗檢視新價值主張是否能獲得市場迴響，避免一次性資源壓重投資錯誤方向。

這些策略能幫助企業逐步脫離退潮風險，進入價值再創造的節奏中。

✦ 管理啟示：產業會老去，價值可以年輕

市場永遠在變，策略若無法隨變動而重新調整，就會成為自己最大的敵人。

企業不能以昨日的成功定義今日的方向，更不能用昨日的產業定義未來的存在；

策略調整是繼續活下去的唯一保險，尤其當成長變慢、

利潤變薄時,更要及時修正;

價值重估不是自我懷疑,而是自我更新;

策略不是計畫,而是一種面對變局的態度與節奏掌控;

從硬體到解決方案、從交易到關係、從單一營收到價值長線,這是每一個產業都必經的進化之路。

Canon 的進化說明了一件事:面對產業退潮,能活下來的不是規模最大者,而是最能誠實重估自己價值的那個品牌。這正是孫子九變之義在當代商業場域的最佳演繹。

◇第八章　危機轉向與策略彈性

第四節　從「轉念」開始的轉型：內部價值觀更新的力量

孫子兵法〈九變篇〉云：「將有五危：必死，可殺也；必生，可虜也；忿速，可侮也；廉潔，可辱也；愛民，可煩也。」此段強調，領導者若未調整心態，反而可能成為組織陷入危機的主因。對企業而言，組織策略轉型不僅仰賴外在環境與商業模式的調整，更關鍵的是來自「轉念」——內部價值觀的重構與文化更新。

所謂「轉念」，不只是重新思考未來方向，而是對過去成就的適當告別，讓企業集體心智能從舊有模式中解脫，為策略轉型鋪路。

✦ 文化轉型是策略轉型的前提

企業若無法同步更新其內部信念與價值邏輯，即使外部策略再精妙，最終也會因內部抵抗或資源誤用而功敗垂成。內部價值觀轉型通常表現為：

從穩定邏輯轉為實驗邏輯：允許錯誤與試驗，擁抱不確定性作為價值生成來源；

從指令文化轉為提案文化：鼓勵基層主動提出觀點與行動，而非消極執行上層命令；

從績效導向轉為學習導向：在某些創新部門，容忍短期無產出，強調探索與學習過程；

從角色固化轉為任務彈性：打破部門壁壘與職稱定義，讓人力資源隨專案需求流動。

這樣的轉變，才能讓企業真正擁有從「裡」而非僅從「外」的轉型能力。

案例研究：宜家家居（IKEA）如何從商品邏輯轉向永續文化體系

作為全球家居巨擘，IKEA 長年以「便宜、大量、生產導向」為核心價值，支撐其高度標準化與全球布局。然而面對氣候變遷、年輕世代價值轉變與永續生活的興起，原有價值觀已不再全面適用。IKEA 的策略轉型，正是一場由內而外的「價值觀再造」。

從便宜到永續的文化轉念：IKEA 公開宣示將在 2030 年達成所有產品可回收、再製與零碳排，並不再以「最低價格」為唯一溝通語言，而轉向「長期使用、低環境負擔」的產品設計；

內部文化設計實驗室：成立「IKEA Future Living Lab」，讓內部團隊親自參與新生活型態實驗，包括共居空間、租賃家具、廢料再生工作坊等概念設計，強化員工價值參與感；

◇第八章　危機轉向與策略彈性

價值驅動的溝通方式：品牌行銷從以往「便宜好看」的家庭需求，轉為「為地球好、為自己好」，呼應 Z 世代對生活哲學與消費行為的一致性追求；

組織語言改寫與培訓：內部教育系統重新設計對話語言，將「永續」、「循環」、「社區」取代原先的「價格」、「銷量」、「SKU」。

這些文化轉變，讓 IKEA 在不失去核心商業能力的情況下，重建品牌精神與未來感。

若企業欲從轉念開始打造策略韌性，可思考以下四個內部文化設計工具：

價值語言工作坊：讓各部門共同參與語言與口號的再定義過程，讓新價值觀非由上而下灌輸，而是集體創造；

跨部門駐點制度：短期讓行銷、研發、客服等角色互換位置，體會他部門視角並打破「職務慣性」；

內部小型實驗空間：撥出專區作為創新原型工作室（Innovation Studio），測試新價值的具象化實踐；

文化導師制度：指派每一部門中高層為文化代理人，定期分享實踐與困境，以行動落實新理念。

這些方法不在於立即產生績效，而是構築出一個有機能承接變革的內部場域。

第四節 從「轉念」開始的轉型：內部價值觀更新的力量

> **管理啟示：**
> **真正的轉型，不從策略起，而從信念起**

孫子兵法〈謀攻篇〉：「上下同欲者勝。」企業的強，不只是靠策略與資源，而在於整體價值觀的調整是否一致。

策略若未獲內部價值觀支持，最終將無法落地；

轉型失敗多來自價值未更新，而非工具未更新；

文化更新不只是一場形象工程，而是一場深層心理與語言的重建；

從「轉念」開始，企業才真正有條件完成「轉型」；

當所有人都相信新價值，就沒有什麼策略無法執行。

IKEA所展現的文化轉向力量，並非來自口號或行銷，而是一場從理念到結構的價值觀革新，這才是真正符合孫子「因地制宜、變動不居」的現代詮釋。

◇第八章　危機轉向與策略彈性

第五節　選擇放棄：策略集中化的果敢抉擇

真正高明的戰略不在於萬箭齊發，而在於善於取捨。對現代企業而言，最困難的往往不是選擇做什麼，而是選擇不做什麼。當資源有限、市場競爭激烈時，能否果斷放棄非核心業務、集中優勢兵力投入真正有機會勝出的戰場，往往成為策略成功與否的關鍵分水嶺。

✦ 為何「放棄」是頂尖企業的必修課？

「放棄」在企業文化中常被視為一種退讓、失敗，然而在戰略思維中，放棄某些方向恰恰代表著「有目的的選擇」。這種策略集中化的關鍵價值包括：

釋放資源集中火力：避免資源分散、模糊焦點，把有限資源投入最具增長潛力的業務；

聚焦品牌形象與用戶認知：集中經營主力產品或場景，減少消費者混淆與行銷資源浪費；

快速建立市場領導位階：在小市場中做到第一，比在大市場裡當第三更具槓桿效益；

提高內部執行效率與團隊節奏感：明確方向有助於形成組織共識與任務對齊。

這些正是策略集中所能帶來的綜效,而非只是「縮編」或「裁撤」。

案例研究:Spotify 退出音樂硬體與原創錄音市場的果斷轉身

Spotify 作為全球串流音樂巨擘,曾於 2021 年宣布跨足音樂硬體市場,推出 Car Thing(車用音樂裝置),並積極投資原創錄音室內容,進軍 Podcast 製作。但 2023 年 Spotify 卻決定全面撤出 Car Thing 業務,並逐步收縮 Podcast 原創製作規模。這一連串「放棄」,成為業界反思策略聚焦的關鍵案例。

評估硬體與軟體核心矛盾:Spotify 最終認定其價值核心在於推薦演算法與音樂體驗,而非硬體製造;

調整 Podcast 策略重心:雖然 Spotify 仍重視 Podcast 市場,但將資源由原創錄製轉向平臺技術與分潤系統,改以開放式生態系而非自營內容吸引用戶;

減少虧損、提升獲利體質:Car Thing 因生產成本過高且市場反應不佳,成為沉重負擔,撤出該業務後,公司盈餘快速回穩;

聚焦「沉浸式聽覺平臺」定位:Spotify 將未來所有策略集中於「個人化推薦」、「多語種探索」、「全球創作者支援」三大聽覺場景中。

◇第八章　危機轉向與策略彈性

這場策略集中戰不只是撤退,更是一種重新聚焦核心價值的精準操作。

企業在面對策略分岔時,如何判斷「該放棄什麼」?以下四個評估角度值得納入管理體系:

策略與品牌核心的吻合程度:若某業務無法強化品牌主張與核心價值,則為可退項目;

單位資源投入產出比:計算投入人力、時間、資金與實際收益之間的長期效益;

內部支持度與人才可接續性:若該業務僅有個人推進而無團隊認同,長期風險高;

是否具備網路效應或平臺黏著特質:無法連結使用者關係的業務,長期價值較低。

這些評估工具不是一次性裁決,應每半年重新檢視一次,形成動態策略調整邏輯。

✦ 管理啟示:放棄是更高階的執行力

孫子曰:「善戰者之勝也,無智名,無勇功。」真正高階的管理,往往不是無所不能,而是清楚知道什麼該堅持、什麼該果斷離場。

不做不代表失敗,而是另一種形式的成長;

第五節　選擇放棄：策略集中化的果敢抉擇

策略集中非為縮減規模，而是釋放能量與創造力；

企業不可能贏得所有市場，但可以選擇贏下最關鍵的一塊；

從 Spotify 學到的，是每一次放棄都應是為了下一次更精準的投入；

當你選擇不再分心，你就能真正發揮核心優勢。

Spotify 並未因此轉型失敗，反而在果斷放棄中重新聚焦「聽」的價值，這正是孫子所謂「無形制勝」的現代版本 ── 敵未察我形，我已佔先。

◇ 第八章　危機轉向與策略彈性

第六節　從擴張到專注：策略簡化的長期勝利法則

孫子兵法〈始計篇〉云：「利而誘之，亂而取之，實而備之，強而避之，怒而撓之，卑而驕之，佚而勞之，親而離之，攻其無備，出其不意。」這段話揭示了戰略中的關鍵核心——不是面面俱到，而是選擇最有利的時機與方式出擊。在企業經營的語境下，這種「出其不意」與「攻其無備」往往來自於策略簡化後的集中優勢運用，也就是：從擴張轉向專注，放棄無效多角化，打造長期勝出的韌性與效率。

✦ 為何策略簡化更符合現代企業節奏？

在資訊超載與市場節奏加快的時代，企業若堅持全線擴張，容易陷入決策冗長、資源浪費與品牌失焦的困境。策略簡化帶來的三大優勢包括：

節奏控制：聚焦單一主線後，決策與執行週期大幅縮短，反應市場更快速；

資源槓桿最大化：集中火力投入於核心業務，使每一單位資源產生倍增效應；

品牌一致性：用戶心智清晰可辨，品牌不被過多訊號稀釋，強化辨識度與忠誠度。

策略簡化不是減法，而是一種戰略設計邏輯的提升。

案例研究：Fiskars 如何以「少即是多」的設計哲學翻轉全球市場

Fiskars，創立於 1649 年的芬蘭設計品牌，以橘色剪刀聞名全球，其核心哲學並非追求產品多樣性與過度創新，而是透過極簡設計、耐用品質與生活實用性，實踐「少即是多」的生活美學。它代表的是一種從設計邏輯延伸至企業文化與品牌戰略的簡化實踐。

產品線極度收斂，聚焦日常生活核心工具：

Fiskars 不做多角化或無關延伸，其主力僅包括剪刀、園藝工具、廚房刀具與工藝用品，數十年來維持在不足百項的庫存單位結構，每項皆經數年用戶測試與專業設計師反覆優化。

設計簡化與高辨識度統一：

品牌主視覺以橘色刀柄為共通記號，所有產品統一風格、同一設計邏輯，創造消費者極強的識別性與文化連結 ——「你看到橘色剪刀，就知道它來自 Fiskars」。

逆行銷策略：慢節奏、反促銷：

Fiskars 幾乎不做折扣促銷，也不強推新品，更重視「用一次，就不再想換」的產品生命週期。2020 年起，他們還於歐洲推出「維修服務月」，讓顧客帶舊剪刀回廠重新磨刃或換彈簧。

◇第八章　危機轉向與策略彈性

ESG 導向治理與再生設計投資：

Fiskars 長期投入「可分解結構設計」與「單一材質回收系統」，近年成立專責再生實驗室，主導園藝工具的 100% 回收原料製程，從原料端就實踐永續簡化目標。

這些策略讓 Fiskars 在設計界與日常用品市場中建立了極高信任與辨識門檻，其核心策略並非推出「更多」產品，而是持續讓「少數產品」成為不可替代的生活必需品。正如《孫子兵法》所言：「無形之形，勝有形之敵」，Fiskars 的品牌護城河，不在聲量，而在習慣。

企業在追求成長過程中，常會陷入「業務繁複陷阱」。若欲有效實施策略簡化，可採行以下方法：

建立產品貢獻度評估模型：將每一產品庫存單位依銷售比、邊際利潤、回購率建立量化排序，年終進行篩選淘汰；

明訂非擴張政策條款：於董事會與高層決策中建立「不做什麼」清單，規範不能進入的類別或通路；

策略簡化需配合文化內建：將極簡與永續作為企業價值，內化進入員工訓練、績效標準與招募語言；

精簡部門之間的流程節點：減少部門協作過程中的確認環節，將權限授予專案團隊，以提升反應速度與專注感。

策略簡化不只是省成本，更是省心、省力、省下未來衝突的治理方法。

第六節　從擴張到專注：策略簡化的長期勝利法則

管理啟示：集中不是保守，而是積極選擇最具價值的方向

孫子曰：「善用兵者，修道而保法，故能為勝敗之政。」修道，即為修內部秩序與節奏之道。Fiskars 並不靠多品項取勝，而是靠「一致而有信念的簡化」，讓消費者在複雜的市場中看到簡單的價值光譜。

策略簡化是一種選擇焦點的藝術，而非規模收縮的被動；

極簡不是極限，而是價值集中化的開端；

品牌不是因為產品多樣而強，而是因為價值穩定而堅；

當競爭者在速度上狂奔，專注者在深度中紮根；

從 Fiskars 的選擇學到：策略不一定要多，有時候更少才更遠。

簡化策略的最終目標，不是降低複雜度，而是提升每一項資源的戰略效能。這才是真正能長期致勝的簡單之道。

◇第八章　危機轉向與策略彈性

第九章
團隊溝通與協同運作

◇第九章　團隊溝通與協同運作

第一節　組織中的「路徑依賴」與資訊流動

　　孫子兵法〈地形篇〉提到:「視卒如嬰兒,故可與之赴深溪;視卒如愛子,故可與之俱死。」這句話點出一個管理核心:領導者對組織的理解與行動,必須根植於對整體脈絡的掌握,尤其是在資訊流通與溝通結構上的設計。現代組織中,資訊的流動效率與品質,常被長年運作所累積的慣性影響,這種「路徑依賴」效應不但影響決策,也左右整體行軍節奏與合作能力。

✦ 路徑依賴是什麼？為何它是溝通的隱形障礙？

　　「路徑依賴」是社會科學中一項常見的概念,意指一組織或制度會因為歷史形成的路徑與習慣,而傾向於維持原有操作模式,即使外部環境已有所改變。對企業來說,這種依賴常體現在:

　　資訊只往上報、不水平流動:部門之間缺乏合作與橫向資訊流通管道;

　　重複的會議與程序:只是為了遵守既有 SOP,卻無助於問題解決;

　　歷史經驗取代當下判斷:員工不願挑戰既定模式,即使已有明確問題;

某些資源與決策權被鎖定在少數節點：導致組織運轉彈性變差，應變能力遲滯。

這些現象如同組織裡的「舊路徑」，即便已不再通往目的地，依然占據著大家的注意力與流程習慣。

案例研究：Slack 如何打破資訊孤島，重塑企業內部流通方式

Slack 是一款即時通訊工具，近年被大量企業採用，並不僅僅是「聊天軟體」，而是一種資訊流設計哲學的實踐。以美國連鎖超市 Albertsons 導入 Slack 為例，該公司面臨部門資訊流斷裂與決策延誤問題，導入 Slack 後產生以下轉變：

打破部門牆與郵件主導邏輯：以主題頻道代替郵件串，資訊可即時且透明共享；

建立問題即報機制：讓門市前線人員能直接反映庫存、顧客回饋，由總部產品與營運部即時處理；

紀錄可追溯、決策透明化：討論紀錄與決策邏輯清晰可查，不再依賴人際記憶與中層轉述；

文化鼓勵跨部回應：主管親自參與頻道對話，降低權威與反饋隔閡。

Albertsons 在六個月內，內部跨部處理問題時間縮短 40%，資訊覆蓋率提升 50% 以上，顯示資訊流動重構帶來的

◇第九章 團隊溝通與協同運作

管理效能。

企業可從以下步驟著手改善資訊流：

資訊地圖繪製：以部門為單位，畫出日常訊息的進出點與傳遞方式，辨識資訊堵塞與過度重複的節點；

開放式會議結構設計：部分會議開放全員旁聽、交叉出席或事後筆記透明化，增加部門之間的資訊共感力；

設立任務型頻道與自動通報機制：取代人工逐層通報，使用 Slack、Teams 或內部 LineBot 自動推送關鍵訊息；

資訊流效能指標設定：如「問題解決所需平均時間」、「跨部資訊回應次數」、「文章點閱率」等，建立可量化的改善目標。

這些手段讓資訊流不再依附於歷史舊制，而重新與目標對齊。

✦ 管理啟示：拆解「舊路徑」才能打開新通道

《史記・淮陰侯列傳》：「兵固有先聲而後實者。」資訊就是組織的「聲」，若聲音無法快速穿透與共振，實際行動將變得遲滯。

資訊流動品質直接影響團隊的節奏與速度；

組織若受制於舊有溝通慣性，無法形成應變力；

第一節　組織中的「路徑依賴」與資訊流動

路徑依賴本身不是錯，但要能適時拆除與更新；

現代團隊不是階層動能，而是網狀動能，資訊是其最基本燃料；

讓資訊「流得進、留得下、出得去」，組織才不會行軍失據。

Slack 與 Albertsons 的案例讓我們看見一個核心：不是工具改變了一切，而是那個「願意打破舊通道、重新開出新節奏」的管理意識，才是真正的戰略行軍起點。

◇第九章　團隊溝通與協同運作

第二節　指揮層級的傳遞與協同策略

孫子兵法〈九變篇〉指出：「君命有所不受。」揭示了在指揮體系中，授權與溝通層級的重要性。現代企業在執行大型專案、跨國布局或多單位營運時，若無明確的層級邏輯與協同機制，即使戰略正確也可能在執行層面瓦解。

✦ 指揮傳遞的三層架構：策略、戰術、行動

有效的組織指揮傳遞應涵蓋三個層級，並具備清晰的責任鏈與回報機制：

策略層：由高層制定方向與資源分配原則，解釋「為何做」；

戰術層：由中層主管將策略轉譯為可執行計畫與時間節奏，說明「怎麼做」；

行動層：由前線員工具體實踐與回饋現場狀況，實作「現在做什麼」。

若這三層之間缺乏傳遞效率或角色重疊，就會出現「上面訂了戰略、下面各做各的」的混亂局面。

案例研究：迪卡儂如何透過分層合作打造全球一致又在地共鳴的執行系統

迪卡儂為全球最大運動用品零售品牌，遍佈超過 70 個國家，管理超過 8 萬名員工。其執行體系之所以能在多文化與不同消費習慣中維持高一致性，關鍵不在於過度中央集權，而是建立一套具層級邏輯、分工明確且互信彈性的合作架構。

1. 總部策略層：以「品牌矩陣 × 願景方向」做長線設計

位於法國的總部制定五年願景路徑（如「運動普及權」、「產品生命週期管理」、「科技模組化」），並搭配品牌矩陣（超過 40 個子品牌，如 Quechua、Domyos、Kipsta）整合不同運動品類的中長期發展節奏。

2. 區域戰術層：轉化全球策略為市場情境的操作藍圖

各區域總部（如臺灣、東南亞、美洲）負責將總部策略轉譯為當地市場脈絡。例如針對「環保包裝減量」策略，臺灣總部會主動與物流供應商共創「一次性去塑膠配送袋」試點，並向法國回報成效以反饋全球 SOP 設計。

3. 現場行動層：門市與工廠團隊雙線佈署，前線即研發

迪卡儂門市與物流倉同時具備業務與產品創新功能，例如臺南門市針對重機車族群設計「透氣緊身背心」，可即時導入客製產品與體驗調整。門市主管每日回報顧客體驗、缺貨警示、試穿回饋，直接上傳產品改善資料庫。

◇第九章　團隊溝通與協同運作

Decathlon 的管理不止是自上而下,更強調「每個節點都有價值產出權」。這種自下而上的共創回饋設計,讓每位員工不只是執行者,也是價值調節者。整體執行體系展現出《孫子兵法》所謂「形人而我無形」的原則 —— 總部形塑架構,前線則根據市場因應變化,達成制勝。

若欲打造穩定有效的指揮傳遞系統,可依據以下原則設計:

訊息標準化與多頻通報:策略指令需有格式化說明(如行動代號、預期成效),並搭配週會／月報等不同層次的同步節奏;

跨層回饋機制:讓前線能直接對中層、中層能即時回應高層,避免訊息失真與錯位;

任務協調人角色設置:於專案中設立「戰術協調官」,專責中間層與前線的節奏銜接與誤差調整;

授權矩陣明文化:明確哪些情境下由誰主責決策、誰具最終裁量權,降低重複上報與責任不清。

這些制度建構,能讓組織在壓力或變動中維持一致性與韌性。

第二節　指揮層級的傳遞與協同策略

管理啟示：
明確層級是合作的基礎，而非僵化的象徵

「君命有所不受」並非謂將領可任意妄為，而是指令若未能因地制宜，必然造成前線混亂。

組織若無清楚的傳遞邏輯，再好的策略也會失效；

層級非為控制而設，而是為了創造溝通的節奏與節點；

協同需靠角色設計與節奏安排，而非靠個人英雄主義；

能把策略轉譯為具體行動的中層，是組織真正的脊椎；

前線若能理解大局，就不再只是「執行手」，而是「戰場主角」。

迪卡儂的多層合作體系證明：真正成功的指揮不是來自權威，而是來自一種能讓每個層級都知道「我在為誰而動」的設計。這正是孫子行軍論述的現代組織對應。

◇ 第九章　團隊溝通與協同運作

第三節　跨部門合作的溝通架構

孫子兵法〈火攻篇〉有言:「主不可以怒而興師,將不可以慍而致戰。」這段話揭示了軍事行動中團隊協調與紀律一致的重要性。在現代企業管理語境中,尤其是當組織面臨複雜任務、多元市場與橫向專案合作時,跨部門的協同作戰能力成為成敗關鍵。

✦ 為何跨部門合作總是困難重重?

跨部門合作的溝通障礙常來自以下幾個原因:

目標不一致:行銷部門強調曝光,財務部門強調成本,客服部門強調穩定,每個部門目標差異大;

語言與專業隔閡:工程師講「模組穩定性」,業務只懂「能不能先出貨」,資訊交換容易失焦;

權責模糊:跨部門專案中常出現「大家都負責,其實沒人負責」的現象;

資訊孤島與工具不同:不同部門用不同專案系統或通訊工具,導致版本錯亂與流程重疊。

要突破這些結構性難題,必須從「溝通架構設計」而非「善意溝通」著手。

第三節　跨部門合作的溝通架構

案例研究：
臺灣團隊 KKday 如何建立高效跨部門溝通體系

KKday 作為亞太旅遊科技平臺，橫跨產品開發、營運管理、行銷企畫、客服與地區業務，跨部門合作為其營運日常。該團隊推動數位轉型與國際擴張期間，面臨嚴重部門落差與專案拖延。透過重塑溝通架構，KKday 實現以下策略：

・**專案資訊集中化管理**：全面導入 Notion 平臺，將會議記錄、需求更新與進度追蹤統一管理，降低部門間資訊遺漏與版本衝突；

・**週節奏同步會議制度**：每週固定由 PM 主導跨部門會議，各部門需提前通報預期交付與風險評估，使進度協調有據可依；

・**協作文化強調共感與輪流支援**：特定專案會安排營運或客服人員短期支援開發單位，培養不同部門間的視角理解；

・**組織信任與回報機制設計**：以「揭露進度」而非「檢討落後」為導向，讓同仁願意主動暴露風險，形成內部高信任度與快速反應文化。

透過這套制度化溝通設計，KKday 在 2021 至 2023 年疫情挑戰期間維持新產品開發節奏，並實現多地同步上線。

想建構跨部門溝通架構，可以參考四大核心設計：

責任角色明確化：專案中應設立專責協調者（如專案經理、產品經理），不以部門主管身分混合管理；

◇第九章　團隊溝通與協同運作

共用工具與可視化儀表板：導入專案管理平臺（如 Notion、Asana、Jira）與可視化 KPI 追蹤工具，讓所有部門看到相同目標與進度；

雙語言轉譯機制：訓練中介角色具備「商業語言」與「技術語言」的雙語能力，負責解碼彼此部門需求；

預警性會議制度：設置預警型會議，每週預估潛在風險與溝通誤差，防範問題擴散。

這些制度能夠預先建立「橫向溝通的高速公路」，降低日後的合作摩擦。

✦ 管理啟示：跨部門溝通不靠默契，而靠結構

孫子曰：「善用兵者，能使敵人前後不相及。」同樣道理，組織若無法「聚力」，則難以有效施力於單一戰場。

跨部門合作不是自然發生，而是經過建構與演練；

橫向合作的重點在於語言與權限，而非態度；

制度可重複，但默契不可複製，應將信任流程化；

讓資訊單一、責任明確、語言共通，才能縮短每一次誤會與延誤；

真正的高效團隊，不是沒有衝突，而是有系統消化衝突的結構。

第三節　跨部門合作的溝通架構

　　KKday 的例子證明了這一點：真正的跨部門合作力，在於「溝通的設計是否有效」。這正是孫子所強調「行軍有度、節奏有序」的現代企業管理對應。

◇第九章　團隊溝通與協同運作

第四節　管理者的現場觀察與介入

孫子兵法〈地形篇〉提及：「夫地形者，兵之助也。料敵制勝，計險厄遠近，上將之道也。」此語指出優秀指揮官需掌握地形脈動，方能在變化中制敵。在企業管理情境中，「地形」不僅僅是外部市場環境，更是組織內部的人際互動與實際運作現場。管理者若僅停留於報表與簡報中，往往無法洞察真正的問題；唯有親赴現場、深入一線，方能掌握節奏、發現瓶頸、主導修正。

✦ 為什麼管理者需要「下現場」？

在組織流程越來越數位化、部門化、遠距化的當代企業中，「現場觀察」更顯重要，其意義在於：

辨識數據背後的真實現象：KPI 上升或下降的背後，常藏有流程錯置、人員阻力或資源分配失衡；

突破回報制度的濾鏡效應：中層主管報告中常因面子文化或誤判而隱匿問題，現場觀察可去除偏差；

建立信任與共感力：管理者出現在一線，能增進團隊認同與行動動力；

即時回饋、快速修正：現場即可做出微調決策，減少回報－審核－批准的時間浪費。

現場不只是「去看看」，而是一種嵌入式參與的策略行為。

案例研究：7-ELEVEN 如何透過「主管巡店文化」打造現場即戰力

統一超商旗下的 7-ELEVEN 擁有超過 7,000 家門市，是全臺最密集的零售通路之一。面對即時競爭、區域差異與產品快速汰換，7-ELEVEN 長期依賴「現場為本」的管理體系，確保品牌一致與營運敏捷。

1. 高階主管實地巡點制度

總公司營運、商品、企畫與資訊等部門主管皆設有「定期巡店 KPI」，每月至少實際走訪多家門市。非單純考核，而是觀察陳列動線、了解顧客互動與第一線員工實況，強化決策與現場脈動連結。

2. 現場影像回報與即時資料雲端化

每位門市店長與區經理皆需使用「e 門市系統」拍照上傳架上陳列、缺貨狀況、客訴反饋與競品觀察。系統會自動分類回報主題，由後臺商品部、行銷部即時確認處理。

3. 顧客語言成為決策起點

例如 2023 年推出的「深夜麵包提案」，便是因深夜時段客戶反映無選擇而由店長回報，後由商品企劃部門整合開發，成功成為夜間銷售新主力。

◇第九章　團隊溝通與協同運作

4. 現場導向 KPI 設計

門市績效不再單看營收，而是加入「顧客詢問回應率」、「商品補架時效」、「顧客停留時間」等指標，並透過電子化系統進行每日滾動式觀察與提示。

7-ELEVEN 的門市管理體系不只是監督機制，更是一種策略情報蒐集的動態平臺。正如《孫子兵法》強調「知彼知己，百戰不殆」，唯有從現場掌握顧客節奏，企業決策才不會漂浮於資料之上。這套由巡店出發、由現場定節奏的制度，也成為 7-ELEVEN 面對全聯、家樂福、全家超商等強敵時，仍能主動應戰的核心優勢。

要將「下現場」從個人行為變成組織文化，應制度化以下幾項做法：

設計輪值現場週制度：每季安排中高階主管輪流駐點不同門市或部門，並產出行動報告；

建立觀察紀錄模板：將觀察分為流程節奏、員工情緒、客戶互動、資源配置四類，確保觀察全面；

推動「微決策授權制度」：讓一線主管可針對現場狀況做出一定範圍調整，不需層層報批；

建構「現場－總部對話系統」：透過視訊會議、語音回饋機制，建立下達與回報的雙向溝通路徑。

第四節　管理者的現場觀察與介入

如此一來，現場資訊就不再是「突發回報」，而成為每日決策中的常規脈動。

管理啟示：
真實從未離開，只是管理者不在現場

孫子曰：「知彼知己，百戰不殆。」其中「知己」，指的不只是高層報表與策略圖表，而是真實存在於現場的「人、事、物、氣」：

管理者若未接觸現場，就不可能理解流程落差與人力困境；

現場觀察不只為找錯，而是為了強化決策的現實基礎；

數位化不代表脫離現場，而是為現場提供即時回饋工具；

一線的聲音若被忽略，最終會以營運失誤與顧客流失呈現；

只有走進現場，管理者才能真正行軍有度、進退有據。

7-ELEVEN 的例子提醒我們：管理的敏銳，不來自辦公桌上的分析報告，而是對現場節奏的感知與共鳴。這正是孫子強調的「知天知地，勝乃可全」在現代企業組織中的最佳體現。

◇第九章　團隊溝通與協同運作

第五節　領導者角色定位與情境領導

孫子兵法〈行軍篇〉提到：「令，素行以教其民，則民服；令素不行以教其民，則民不服。令素行者，與眾相得也。」此句揭示一項關鍵原則：領導者本身的行動與角色認知，才是組織成敗的根基。現代組織中，領導者不再只是指令下達者，而需隨著環境、組織規模與任務變化，調整自身角色，實現「情境領導」的彈性管理模式。

✦ 領導角色為何需依情境調整？

不同部門、不同階段與不同任務，對領導者的期待與所需特質各異，若以單一風格領導所有情境，將造成以下風險：

過度控制導致創意窒息：新創型團隊需的是引導與試錯空間，若領導者太干涉，會扼殺成長；

放任自流造成失序：大型營運單位若領導風格過鬆，將導致標準不一與決策延誤；

忽視轉型痛點：變革期間若領導者仍以穩定式風格運作，將無法激發組織動能；

角色重疊混亂權責：過於頻繁變動角色，反而讓團隊無所適從。

因此,「情境領導」強調根據任務性質與團隊成熟度調整領導方式,並維持清楚角色定位與行為一致性。

◆ 案例研究：Hahow 好學校創辦人的角色轉變

Hahow 為臺灣知識型平臺新創代表,從最初創辦四人團隊成長為百人規模企業。其共同創辦人江前緯與吳承翰在創業初期是產品設計師、客服與業務的多重身分,隨著組織擴張,他們逐步轉換角色：

・**創業初期,身兼數職、以身作則**：兩位創辦人皆為設計背景出身,初期親自處理教學規劃、客服回應、平臺優化等細節,塑造出高參與感與教練式風格；

・**成長中期,制度設計與任務節奏導向**：隨著人數擴大,團隊開始導入 OKR 與跨部門週期制度,由創辦人轉向制度與節奏設計者角色,減少對單一專案的依附；

・**成熟階段,價值導向的文化領導**：在建立信任文化後,創辦人更專注於文化溝通、透明日誌與團隊價值建構,不再干涉每個專案細節,而是透過公共儀式與定期回饋傳遞共識；

・**動盪時期,成為穩定焦點與策略調整者**：如 2021 年疫情擴大期間,團隊轉向遠距與非同步協作,創辦人強化內部溝通頻率,定期以視訊或公開信方式安定士氣並同步營運方向。

◇第九章　團隊溝通與協同運作

在這四階段轉變中，Hahow 展現出創辦人角色的彈性與節奏控制能力，不再只是創意發起者，而是逐步成為整體文化與策略的一致性守門人。

若欲將領導者角色轉變制度化，可採行以下設計：

角色階段地圖制定：依照組織發展階段與部門任務特性，劃分「創建－成長－規模－變革」四種領導角色樣態；

建立領導回饋迴路：透過員工匿名回饋、360 度評估機制，每季提供領導者角色效能建議；

情境對應培訓模組：設計內部領導力培訓時，加入「情境模擬」與「危機領導工作坊」，讓管理者練習多元角色應對；

關鍵決策日誌制度：鼓勵領導者記錄重大決策背景與理由，方便事後檢討與角色校準。

這些設計能避免領導者習於固定模式，進而失去組織回應市場變動的柔軟度。

管理啟示：領導不是角色固定，而是角色動態的節奏控制

孫子曰：「主不可怒而興師，將不可慍而致戰。」意思是，領導若僅憑個人情緒與直覺行事，不僅失策，更容易讓組織迷航。

情境領導的核心是察覺團隊所需，而非堅持自我風格；

第五節　領導者角色定位與情境領導

好的領導者應該能進也能退，能教也能放，能帶也能授；

角色清楚但彈性運用，是組織適應與進化的條件；

將領若未理解不同戰場的打法，終將成為組織成長的障礙；

從 Hahow 學到：領導的本質，不是發號施令，而是打造行動場域的空間與節奏。

管理如行軍，領導如布陣。情境領導不在於擁有多少武器，而在於知道在什麼時間，用對什麼樣的策略，來回應不同的戰場。

◇第九章 團隊溝通與協同運作

第六節　麥當勞如何在全球實現高度標準化執行

若組織本身無法維持內部一致性與操作標準，再多的策略變化也將流於表面。在全球化經營與多元文化挑戰下，如何在數十國上千據點中實現標準流程的精準落地，是許多跨國企業無法逾越的門檻。麥當勞（McDonald's）正是一個標準化執行管理的經典案例，其「標準不變，節奏可調」的營運哲學，使其能在每個市場做到在地化的同時，維持品牌一致性。

標準化的意義：一致不代表僵化，而是品質承諾的體現

標準化並非為了限制創新，而是讓顧客能在不同門市、不同國家、不同語言文化中，感受到同樣的服務品質與產品穩定。其核心在於：

確保品牌體驗一致性：即使地點不同，每一次消費都在預期中；

強化營運效率與訓練簡化：可快速導入新人、複製成功模式；

降低錯誤率與管理成本：流程固定化讓決策重複性降低，依賴經驗的風險減少；

強化顧客信任感：標準即為承諾，讓顧客相信「不會踩雷」。

對跨國連鎖而言，這種「全球一致、局部調整」的思維正是制勝關鍵。

◆ 案例分析：麥當勞的三層級標準化管理架構

麥當勞之所以能在超過 120 個國家、超過 4 萬家門市中執行同樣的品質標準，關鍵在於其高度制度化的標準運作模式，主要分為三層設計：

麥當勞的全球營運標準化策略，展現了「上下同欲」與「形人而我無形」的組織節奏設計。其制度包含三層架構：

1. **全球統一 SOP 手冊**：由總部制訂涵蓋製作、清潔、服務語言等全面流程的《Operations Manual》，所有加盟門市皆須接受一致訓練與內稽；
2. **地區客製化補充附錄**：各區域總部可依市場需求設計補充手冊，例如亞洲市場針對米食、辣味比例與語言需求等在地文化調整；
3. **數位績效評估系統 ROIP**：透過門市週報、自評機制與總部稽核軟體整合，形成從門市到總部的資訊回饋閉環，使每一間門市都能精準落地總部策略，並持續優化操作品質。

◇第九章　團隊溝通與協同運作

這套標準化＋彈性附錄＋數據回饋的三軌設計，正是麥當勞能在超過百國維持一致品牌體驗的核心關鍵。

例如，一份大麥克的製作時間、沙拉醬塗抹量、包裝流程，全球皆一致；但印度門市會提供無牛肉版本、日本推出米漢堡，這些在「固定核心」下進行的變化，正體現了標準化與彈性兼具的精髓。

麥當勞建立了一整套系統性工具，確保標準得以傳遞與落地，包含：

漢堡大學（Hamburger University）：內部設置完整的領導力與營運管理培訓體系，全球經理人需經此培訓才能正式上任；

360度營運監控系統：每日門市透過POS系統回報銷售、服務時間、庫存與客訴資料，由AI進行跨店比較與預警；

神秘客制度（Mystery Shopper Program）：每月以匿名顧客形式實地稽查門市流程與服務一致性，並作為評核依據；

數位點餐與AI調度介面：減少人工誤差，確保顧客點餐到製作流程完全符合標準作業時間。

這些制度讓標準不再只是紙上手冊，而是嵌入日常運作的節奏中。

在臺灣，麥當勞除了維持核心製程一致外，亦針對當地市場做出文化上的微調：

第六節　麥當勞如何在全球實現高度標準化執行

產品在地化設計：推出薯餅蛋堡、米漢堡與期間限定黑糖珍奶冰炫風等商品，但製程仍遵循標準化規範；

服務流程標準化結合人情互動：雖然流程統一，但仍允許店員根據語氣與客群彈性調整應對話術，強化顧客體驗；

青年訓練與多元共融制度：大量聘用大學生與銀髮族，導入「一對一師徒制」、「流程回放訓練模擬」等教育工具。

透過這些本地化策略，麥當勞在臺灣維持高度顧客黏著與正向評價。

管理啟示：標準不是限制，而是讓每一位員工都能成功的基礎

孫子曰：「上下同欲者勝。」企業若無法在策略、流程與現場之間實現同心，終將喪失競爭力。

標準化是為了讓每個據點都有公平成功機會；

真正高效的執行不是靠人力，而是靠制度讓普通人也能產生穩定品質；

標準不是鐵板一塊，而是能隨情境微調的骨架；

數位工具是標準的媒介，文化則是標準的根基；

從麥當勞學到：品牌成功的背後，是無數看不見的執行標準被正確落地。

◇第九章　團隊溝通與協同運作

　　當全世界都在追求創新時，能將「平凡做到極致」的企業，反而走得最長遠。麥當勞正是用標準化這把「不變之劍」，在全球變化的戰場中穩扎穩打，實現現代企業的戰略行軍之道。

第十章
市場定位與資源掌控

◇ 第十章　市場定位與資源掌控

第一節　地形六類：選擇戰場比執行更重要

孫子兵法〈地形篇〉開宗明義指出：「地形有通者、有掛者、有支者、有隘者、有險者、有遠者。」古代軍事強調因地制宜，選擇與熟悉戰場，是致勝的首要條件。對現代企業而言，市場即是戰場。錯誤的市場選擇，不僅耗費資源，更可能拖垮整體營運節奏。策略布局中，「選對戰場」往往比「打得好」更重要。

◆ 地形六類：對應市場的六種情境

依孫子所言，地形六類若轉化為現代市場策略，具體對應如下：

通者，利也：資源通達、需求明確、進入成本低的成熟市場，適合新創或快速擴張型企業；

掛者，難也：進入路徑受限，如法規限制、通路壟斷或文化障礙，需結盟或突破既有門檻；

支者，隔也：區域市場相互牽制，若進一國，必受鄰國反應牽動，如東南亞多國競合格局；

隘者，塞也：高密度市場，品牌集中、競爭激烈，適合差異化小眾定位；

險者，危也：法規不穩、政治風險高或消費者忠誠低，需強大備援策略與資安風險評估；

遠者，勞也：文化差異大、時差與營運距離長，須依賴在地團隊與強制度支撐。

這些地形類型不應只用來分類市場，更應成為企業制訂戰略時的「環境識讀工具」。

案例研究：星巴克如何精準選擇進入中國市場時機與節奏

1999 年，星巴克正式進軍中國，在當時西式咖啡文化尚未普及、茶飲為主的消費環境中，此一選擇看似逆勢而行。然而，其戰略節奏背後蘊藏高度「地形思維」：

初期當地被視為「遠者」與「險者」：語言、習慣、商務法規皆與美國截然不同，星巴克選擇與本地合資並進行產品文化在地化改造；

十年深耕，以「通者」邏輯重構商業地形：進駐高級百貨、設計顧客體驗，打造咖啡社交文化；

規避「掛者」風險，拒絕草率擴張：選擇北京、上海等開放城市做深度經營，不貿然推進二線城市，直到營運穩定為止；

◇ 第十章　市場定位與資源掌控

面對「支者」格局的後發競爭：導入數位會員系統與 App 預訂機制，強化品牌鎖定與使用習慣建立。

其結果是：星巴克於 2023 年在中國門市數量突破六千家，成為全球僅次於美國的最大市場。

企業若欲進入一個新市場或擴張新產品線，應依據以下三項工具判斷地形類型：

PEST 分析與地形對映：透過政治（Political）、經濟（Economic）、社會（Social）、科技（Technological）分析，對應地形六類，快速評估風險與潛力；

組織成熟度匹配度表：將自身人力、制度、文化、資金與新市場條件交叉比對，找出不對稱缺口與需補強點；

市場進入速度地圖：繪製「進入速度－投入資源－市場回報期」三軸圖，找出最符合當下策略節奏的市場組合。

透過這些工具，企業不再只是憑直覺選市場，而是有系統地量化風險與布局節奏。

✦ 管理啟示：知地者勝，知己者不敗

孫子曰：「知彼知己，百戰不殆；不知彼而知己，一勝一負；不知彼，不知己，每戰必殆。」這段話正是企業擴張策略中最實用的原則。

選擇戰場前，先理解市場的地形特徵與結構限制；

第一節　地形六類：選擇戰場比執行更重要

再分析自身能力與該地形的匹配程度，是否可形成優勢位；

能避免錯進死地，即為管理中的最大智慧；

戰略規劃的首步不是目標設定，而是「選擇正確戰場」；

從星巴克學到：慢慢進入對的市場，遠比快速占據錯的市場更有勝算。

未來企業的競爭，不只是產品、技術、人才的對抗，更是「誰選擇了正確的戰場」。這正是孫子所謂「以利動，以奇勝」的戰略精髓在商場上的體現。

◇第十章　市場定位與資源掌控

第二節　市場區隔與目標選定

孫子兵法〈地形篇〉云：「夫地形者，兵之助也，料敵制勝，計險厄遠近，上將之道也。」意思是說，地形的判斷不只是地利，更是領導者制敵取勝的依據。若將市場視為企業的戰場，則市場區隔與目標選定的過程，就是組織的「擇地佈陣」。清楚界定顧客族群與聚焦主力戰場，能避免資源分散與策略模糊，將競爭優勢集中在最具影響力的核心區塊。

✦ 市場區隔：不是定義客戶，而是定義戰略機會

市場區隔並非只是消費者分類工具，更是策略資源分配的前提。有效區隔應具備下列條件：

可辨識性：該族群特徵清楚、行為可觀察；

可進入性：企業具備有效接觸該市場的通路與資源；

實質性：該區隔具備足夠規模與成長潛力；

可獲利性：該族群的邊際利潤與回報周期可接受；

可持續性：該區隔需求不是短期流行，而具有中長期消費潛力。

透過以上標準進行市場區隔，有助於後續進行目標選擇與定位。

案例研究：TNL Mediagene 如何在內容媒體市場區隔中找到精準受眾

TNL Mediagene（原臺灣立報媒體集團）是一個跨境媒體集團，旗下經營包括《關鍵評論網》、《INSIDE》、《科技新報》等平臺。面對數位媒體競爭激烈、廣告紅利下滑的趨勢，TNL 採用精準市場區隔策略，聚焦三大核心群體：

數位原生族群（Digital Native Millennials）：以《關鍵評論網》經營25至35歲青年族群，內容聚焦社會參與與價值倡議；

科技專業社群（Tech Professionals）：透過《INSIDE》提供創業趨勢、產業觀察，吸引 B2B 與投資讀者；

綠色消費與女性財經族群：開設主題子站如《未來商務》、《女人迷》合作內容，深化小眾領域滲透。

並結合大數據追蹤與訂閱制度，根據點擊行為重組內容分類，讓區隔不只是策略概念，而成為流量轉化機制。

許多企業犯下一個錯誤：在「能夠接觸的市場」中選擇，而非在「非接觸不可的市場」中投注。選擇目標市場需考量下列面向：

競爭者分布與利基空隙：是否存在競品尚未滲透的區域，或某些品牌已「過度投資」導致邊際效益遞減；

品牌核心能力與市場需求的耦合程度：企業優勢是否能直接解決該市場痛點；

◇第十章　市場定位與資源掌控

資源配置與商業模式適應性：企業能否在該市場以相對低成本運作並維持利潤結構；

時間與行銷節奏是否對齊市場需求週期：目標市場是否正處於導入期、成長期或轉型期。

選對目標市場，不只是投資問題，而是品牌定位與顧客習慣培養的起點。

✦ 管理啟示：定位先於執行，選擇決定資源流向

孫子曰：「地形者，兵之助也。」企業若在錯誤市場上激戰，即使再高明的執行也難以翻身。

市場區隔是為了看清戰場輪廓，而非僅為分類消費者；

目標市場選定是管理資源、控制風險、創造價值的總和邏輯；

選擇應以企業核心能力為鏡、以市場痛點為標，找到交集點；

區隔不只是行銷問題，而是企業整體布局的根本；

從 TNL 案例學到：精準受眾不是天生存在，而是透過策略設計出來的。

選擇對的市場，才能把力道用在刀口上，這正是現代策略規劃中對「地形」的最佳運用。

第三節　本地化與國際化的決策落差

正如兵法所強調,「知地者勝、知敵者強」。真正高明的組織策略,不是盲目追求規模或對手較量,而是在判斷環境條件與對手變化中找出最佳出手節奏。企業若能根據市場地貌(法規、文化、通路)設計策略,並依競品動態適時調整,才能建立具靈活性與準確性的競爭優勢。企業進軍國際市場時,常陷入「總部決策邏輯」與「地方市場現實」之間的斷裂,導致策略落地失準、資源錯配,甚至品牌反彈。理解本地化與國際化的落差,不僅是市場經營問題,更是組織架構與決策邏輯的結構性課題。

◆ 全球標準化與本地市場差異的矛盾

當企業試圖將總部的成功經驗複製到他國市場時,常會遭遇以下問題:

文化語言與價值觀落差:品牌語言、廣告風格、消費者期待皆因地區文化不同而變異;

法規制度不一致:營業時間、物流限制、支付機制等都受當地法律限制;

競爭對手類型差異:某些市場競爭者不是同類型企業,而是地方勢力或通路壟斷商;

◇ 第十章　市場定位與資源掌控

消費者需求非線性轉移：在本國有效的定價、促銷與包裝策略，在新市場未必適用。

這些矛盾讓許多企業難以平衡全球標準化與在地調適之間的張力。

✦ 案例研究：Netflix 在印度的市場策略修正

Netflix 在進入印度市場初期，延用其在美國與歐洲的成功模式：高畫質內容、原創影集、訂閱制。然而卻在前兩年遭遇下列挑戰：

定價過高，不符當地消費能力：即使高收入族群仍以看盜版、共享帳號為常態；

內容不在地化：以歐美敘事邏輯製作的影集與劇情片，無法吸引印度主流觀眾；

競爭者強勢在地化：Disney+ Hotstar、Zee5 等提供本地語系內容且有大型體育轉播；

Netflix 於 2021 年開始進行策略調整：

推出更低價的「行動裝置專用訂閱方案」，月費折合約臺幣 65 元；

投資大量印度本地製作，包括《Sacred Games》、《Delhi Crime》等；

第三節　本地化與國際化的決策落差

強化合作夥伴通路（如與電信商綁定優惠），提高用戶滲透率；

透過這些本地化動作，Netflix 於 2023 年在印度訂閱戶數突破 800 萬，穩居第三大影音平臺。

企業若要有效處理本地化與國際化之間的管理落差，可採取以下三種方法：

雙總部思維：讓在地經營團隊具備獨立策略決策權，而非純執行角色；

文化代碼解構模型：在進入新市場前，針對價值觀、語言風格、情緒觸點等進行系統分析，避免直接複製母國策略；

全球框架＋地方自主制度：以核心原則（如品牌標準、技術架構）為主軸，在此框架下授權各市場自訂執行路線。

這些做法能使品牌既不失去一致性，又能達成策略靈活性。

◆ 管理啟示：國際化不能只是複製，而是重構

若方向錯了，再快也徒然。國際化過程中，真正的速度是來自對地形的正確識讀與路線調整：

在地市場不等於母市場的縮影，而是獨立生態體系；

真正成功的國際品牌，都學會了「本地話」與「在地行動」；

◇第十章　市場定位與資源掌控

全球一致性應建立在文化理解與結構適應之上；

Netflix 的案例顯示：訂閱費可以降，品牌價值不能降；

最有效的國際策略，是在每個市場都能講出當地人的故事。

本地化與國際化之間，不是選邊站，而是一種節奏感的拿捏。企業若能善用雙策略結構，將全球優勢轉化為在地深耕，就能在複雜多變的地形中立於不敗之地。

第四節　企業成長曲線與市場節奏掌控

孫子兵法〈兵勢篇〉提到：「善戰者，求之於勢，不責於人。」這段話強調的，是節奏與形勢的主導權。在企業成長過程中，市場不會靜止等待任何一家公司，能否抓住變化中的節奏，決定了企業能否從創新走向主流、從區域走向全球。成長不是一條直線，而是一場關於節奏管理與策略節點選擇的持久戰。

◆ 成長曲線的四個階段與戰略節點

企業成長可分為四個典型階段，每一階段所需節奏與決策重點各異：

導入期：

重點：產品概念驗證、早期用戶建構；

風險：資源不足、顧客教育成本高；

關鍵節奏：快速測試與收斂，建立 PMF（Product-Market Fit）。

成長期：

重點：市場擴張、營運系統建構；

風險：人才落差、供應鏈緊繃、競爭者模仿；

關鍵節奏：擴張速度與品質控制之間的平衡。

成熟期：

　　重點：獲利穩定、品牌維護、流程優化；

　　風險：創新疲乏、人才流失、成本上升；

　　關鍵節奏：從速度導向轉為價值與效率導向。

再成長／衰退期：

　　重點：新市場發掘、產品再定位或資產再利用；

　　風險：轉型失敗、組織抗拒變化；

　　關鍵節奏：再創高峰的資源集中與願景重建。

　　企業若能掌握這四階段節奏，便能避免在過度成長或錯估市場時出現「高原停滯」。

案例研究：Shopify 如何從電商工具進化為全球商務平臺

　　加拿大電商公司 Shopify，最初只是為了解決創辦人 Tobias Lütke 賣滑雪用品時缺乏網站工具的痛點而誕生。其成長節奏掌握得極為精準，展現以下策略節點：

　　導入期：針對開發者設計 API 與模板系統，快速驗證使用者需求；

　　成長期：2013 年起強化物流整合與支付系統（Shopify Payments），擴大中小型商戶市佔；

成熟期：疫情期間乘勢推出 Shopify Fulfillment Network 與 POS 零售端整合，達成線上線下整合；

再成長期：2023 年啟動 AI 商務助手 Sidekick、切入 B2B 市場與品牌分潤合作，尋求高價值用戶重構商模；

每一階段的節奏轉換都體現其「順勢而為」的戰略美學，也讓其在電商平臺戰場上脫穎而出。

節奏失調有這三種常見錯誤：

提早擴張，產品尚未穩定：為追求快速成長，過早投入廣告與招募，反而因顧客流失與組織混亂失控；

錯估競爭節奏，錯過市場窗口：競爭者已轉向新技術或新通路，企業仍停留於舊有打法；

過度優化現狀，喪失再創新彈性：進入成熟期後僅重視成本與流程，忽略新市場探索與創新投資。

這些錯誤的根源，往往在於決策者未能適時調整節奏與組織肌理。

管理啟示：
成長不只是數字，而是節奏的設計藝術

企業成長若能因市場變化而調整節奏，才具備長期競爭力：

每個成長階段都有專屬節奏，關鍵是察覺與適配；

◇第十章　市場定位與資源掌控

策略節點應由「市場訊號＋組織成熟度」共同決定；

成長不是直線，而是螺旋上升，每一輪都需新策略與新節奏；

從 Shopify 學到：成功的企業不是追求最大，而是「最適節奏的最大化」；

節奏管理不只是營運工具，更是企業領導者的核心修煉。

企業若能理解市場地形的變化，並掌握自己的節奏，就能在成長曲線中持續翻新競爭力，實現從「初創」到「長青」的戰略蛻變。

第五節　平臺型企業的「地形策略」

在現代企業戰略中，取得市場先發優勢或資源高地者，不應立即發動價格戰或規模戰，而應觀察敵動、控制節奏，以防主動反受制。真正的「地利」並非讓你先打，而是讓你先看清全局。對平臺型企業而言，地形策略更顯關鍵。與傳統線性企業不同，平臺型企業不擁有供應鏈、也不直接販售產品，而是搭建價值交換的場域，其成功關鍵往往在於如何選對戰略地形、建構雙邊或多邊網絡，並因勢利導擴張生態。

◆ 平臺型企業的三大地形特徵

網路效應為主要地勢：平臺型商業模型核心在於「使用者越多，價值越高」，例如：Uber 的乘客數成就司機流量、Airbnb 的房源量吸引旅客。

多邊市場動態平衡：需同時服務供給方與需求方，類似兩軍夾擊中的中央高地，平衡錯一邊即失重心；

地區性法規與文化差異構成地形屏障：例如支付工具與資料保護法規，使得平臺在不同市場的部署策略需靈活調整。

因此，平臺企業無法只靠單點突破，而需視地而動，因勢設局。

第十章　市場定位與資源掌控

案例研究：
Foodpanda 如何調整地形策略布局亞洲市場

Foodpanda 為德國 Delivery Hero 旗下的外送平臺，在亞洲市場布局過程中，展現出高度地形適應性與節奏彈性：

針對都會區高密度市場，採取集中式地形策略：如在臺北、新加坡設置「Pandamart」即時倉儲系統，打造 10 分鐘內到貨的戰術優勢；

針對低密度市場則採外包與共享配送人力機制：如在馬來西亞與泰國部分地區與在地物流公司合作，降低固定成本；

導入超級應用策略（Super App）打造多元地形布局：包含外送、美食訂位、行動支付與直播電商，使平臺成為生活入口，而非單一服務供應商；

高度在地化介面與合作通路選擇：根據各國手機使用習慣設計 App 流程，並與當地便利商店、超市、連鎖品牌深度合作，提升用戶留存率。

Foodpanda 並非在每個市場都求最大，而是根據市場「地形」設計戰略位置，建立節奏對應與資源集中機制。

想設計平臺企業的地形布局，你可以：

識別戰略節點城市：優先攻占消費者集中、流量活絡之區域作為節點市場，如東南亞的雅加達、胡志明市；

第五節　平臺型企業的「地形策略」

建立彈性供應網路：透過模組化倉儲、彈性配送、API開放等手段，讓平臺能快速適應不同區域需求與通路結構；

策略聯盟以建立地形優勢：與大型零售業、金融科技公司、社群媒體建立聯盟，如 Grab 與 OVO、Line 與全家；

數據即地形圖：平臺須將用戶行為、物流熱區、轉換節點視為「戰地地圖」，即時調整平臺配置。

平臺若無地形概念，將無法在不同市場實現有效擴張。

管理啟示：
平臺之戰是地形之戰，勝在布局非單點

平臺型企業能否勝出，關鍵不在單一產品功能，而在於整體布局能力：

平臺的價值來自使用者與資源的集中地形建構；

地形設計優於資源堆疊，布局邏輯優於資本消耗；

每個市場都是一種不同的戰略地勢，不能用統一規格解決；

Foodpanda 的成功來自於「依市場地形設計平臺功能與角色」；

平臺型企業最終競爭力，不是用戶數，而是其地形設計能力與節奏控制能力。

平臺不是單一武器，而是戰略基地。唯有精準選地、彈性布陣，才能在平臺大戰中立於高地，形成無可撼動的市場制高點。

◇第十章　市場定位與資源掌控

第六節　Uber 進軍各國市場的區域化作戰策略

對全球平臺企業而言，能否深入理解當地政策、文化與市場節奏，是進軍異地能否成功的關鍵。Uber 作為全球知名的共享經濟代表，其從美國發跡後積極進軍各國市場，但一路走來並非無往不利。Uber 的全球布局歷程可視為一場橫跨法規、文化、經濟條件的區域作戰演練，其策略調整與因地制宜的應對模式，是研究〈地形篇〉在現代商戰中應用的典型案例。

全球擴張的挑戰與應對：從統一模式到區域戰術

Uber 初期的全球擴張策略，是採「矽谷模型」的快速複製邏輯，強調科技驅動、市場補貼與快速用戶獲取。但這種模式在部分市場引發強烈反彈，原因包括：

法規不確定性與政府對抗：例如在德國、韓國、臺灣等地，Uber 進入初期便因未合法登記營業，遭遇禁令或下架；

與既有產業利益衝突：計程車工會、地區運輸公會視其為威脅，爆發示威抗爭；

支付習慣與數位基礎設施差異：部分新興市場仍以現金為主，Uber 的 App 介面與支付流程不符合當地用戶習慣；

文化與品牌形象不符：部分市場視「共享汽車」為次級選擇，與 Uber 在美國「新創與效率」形象出現認知落差。

為因應這些挑戰，Uber 開始區域化調整策略：

引進當地營運夥伴與顧問，協助處理法規溝通與市場教育；

修改 App 功能，加入現金支付、車型選擇與語系支援；

部分市場退出或轉為投資者角色，如中國市場併入滴滴、東南亞退出讓位於 Grab。

這些改變讓 Uber 不再只是技術平臺，而成為能與地方現實協調的市場參與者。

◆ 案例分析：Uber 在印度的本地化成功轉型

Uber 自 2013 年進入印度，起初遭遇重大困境，包括性別安全疑慮、支付系統障礙與政府監管。但透過以下策略逐步重構其在地戰術：

導入現金付款功能：突破數位支付障礙，使無信用卡用戶也能使用；

開設客服中心並強化安全機制：包括 SOS 按鈕、女性專屬乘車方案等；

與政府及當地企業合作推動就業與交通政策：建立正向形象；

◇第十章　市場定位與資源掌控

推出 Uber Auto 服務，整合當地三輪車交通文化：深度在地化交通模式。

這些作法讓 Uber 在印度的市占率於 2022 年回升至 35%，與 Ola 並列雙寡頭局面，成功止跌回穩。

Uber 的經驗顯示，若欲成功進軍多元市場，應採行下列策略設計邏輯：

市場進入前的「地形評估報告」制度化：針對法規、文化、支付、競品與數位程度做前期盤點；

組織上採「區域自治團隊制」：讓每一個主要區域擁有獨立策略與調整權；

核心架構模組化：讓技術平臺可因地制宜快速插入或拔除功能模組；

市場退出機制常態化：非成功即永續，而是可轉為股東、合作方或戰略投資人身分。

這些作法提升了全球企業在異地的抗壓性與適應力。

✦ 管理啟示：每個市場都是一次獨立作戰

孫子曰：「水因地而制流，兵因敵而制勝。」現代企業若無法理解當地市場的結構、文化與制度，如同硬闖山道、無圖作戰。

第六節　Uber 進軍各國市場的區域化作戰策略

國際市場不能以統一框架套用,而需靈活配置節奏與資源;

區域化並非妥協,而是延長戰線與調整作戰姿態;

本地化最終目的不是迎合,而是掌握地形後主導市場節奏;

從 Uber 學到:平臺能否存活,不在技術強度,而在策略柔軟度;

地形戰略是企業全球化的戰術核心,能走多遠,取決於能適應多少異地。

真正的戰略高手,不是拿著同一套武器征戰四方,而是能在每一個市場都重建屬於當地的勝場。Uber 的轉型,證明了商戰的地形篇,在今日全球市場上依然歷久彌新。

◇第十章　市場定位與資源掌控

第十一章
員工心理與內部動能設計

◇第十一章　員工心理與內部動能設計

第一節　企業文化作為精神支撐與行動準則

孫子兵法〈九地篇〉言：「將軍之事，靜以幽，正以治。」企業若無內部共識與文化精神之引導，即使策略再高明、資源再充沛，仍可能陷入無人執行、內耗頻繁的亂局。企業文化，正如軍中軍紀與士氣，是企業在面對競爭、變革與危機時最關鍵的內部支撐力量。

企業文化並非牆上的標語或年報中的宣言，而是一套組織成員「共同相信且反覆實踐的行為準則」，當它深植人心、貫徹日常行動，便能成為企業「不戰而屈人之兵」的底層力量。

為何企業文化是組織的「根」？

在《孫子兵法》中，「根」象徵的是作戰場域的穩定性、可預期性與戰略彈性。對企業而言，文化便是那片看不見但支撐一切行為的「組織地形」。其功能包含：

決策依據：文化能提供非程序性決策的方向指引，例如：「我們是否該這樣做」不是靠 KPI 判斷，而靠價值觀選擇；

行為默契：文化是組織中「無需溝通即可理解」的共識，提升溝通效率與跨部門合作速度；

抗壓韌性：當企業遭遇危機，制度與流程可能失靈，文化則成為員工持續行動的動力來源；

外部識別：文化亦是品牌對外的核心訊號，決定顧客與夥伴對企業的長期信任基礎。

一個文化強韌的企業，即使在外部環境混沌中，也能保持內部清明，進退有據。

◆ 案例研究：Netflix 文化手冊的制度化實踐

Netflix 被譽為「文化第一」的科技企業典範，其內部著名的《Netflix Culture Deck》不僅在矽谷流傳，甚至被《哈佛商業評論》稱為「矽谷最具影響力的文化文件」。其文化主軸包含：

高績效 vs 高自由度的動態平衡：Netflix 強調「自由與責任」並重，給予員工高度自主與決策空間，前提是必須展現成果；

文化即日常行為：企業內部評估標準明確指出「我們不要的是什麼」，並實施「Keeper Test」，即主管是否願意保留某員工為團隊一員；

用文化控管，而非流程管控：極簡化制度設計，例如無報銷上限、無出差審批流程，一切由價值觀主導；

文化評估內建於績效機制：年度回饋不僅評估產出，亦觀察是否符合文化特質。

這些作法讓 Netflix 得以在面對串流市場激戰、人才流動

◇第十一章　員工心理與內部動能設計

頻繁的情況下,維持高效運作與創新節奏。

要讓企業文化不只是宣言,而是能執行、可落地的管理制度,需遵循以下五步:

抽象定義與具象化連結:將「誠信」、「創新」等詞彙具象為行為模式,例如:誠信＝資訊公開不隱瞞;

建立文化指標與行為標籤:如 OKR 中加入「文化維度」,用行為舉例輔佐評估;

文化融入制度流程:例如新進訓練加入文化模擬測驗、晉升審查加入文化符合度等;

領導人示範與語言再造:高階主管需以行動說明文化意涵,並持續強化語言一致性;

可見性與回饋迴路建立:內部設立「文化觀察員」、匿名回饋平臺、跨部門文化小組,讓文化可被討論、調整與更新。

唯有制度化文化行為,才能避免文化被過度神話化或淪為表演性姿態。

✦ 管理啟示:文化是企業的「看不見的指揮系統」

「上下同欲者勝。」文化正是組織「同欲」的來源,是眾人自願團結於共同方向的行為基礎。

第一節　企業文化作為精神支撐與行動準則

　　文化不是懸在牆上的口號，而是寫入流程的決策邏輯；

　　文化要能指導行動、約束慾望、激勵表現，才具實用性；

　　用文化統合組織，是比用制度管理更高階的操作方式；

　　從 Netflix 學到：文化是行動設計而非價值宣示；

　　組織如軍隊，文化如地形，越早理解與調整，越不會陷於亂戰。

　　當所有人知道「我們是誰」、「我們做事的方式為何」、「什麼是可以與不可以的行為」，那麼這個企業即便遭逢巨變，也能「靜以幽、正以治」，持續前進。

◇第十一章　員工心理與內部動能設計

第二節　員工分層動機與群體行為心理

孫子兵法〈九地篇〉提到:「將能而君不御者勝。」這句話指出，若將領能理解士兵心理，激發其主動行動而非壓迫指揮，則戰無不勝。在組織管理中也是如此。領導者若能掌握員工不同層級與性格的動機來源，進一步引導群體行為朝向組織目標發展，便能形成真正內部的動能與穩定性。

✦ 為什麼動機不是單一來源，而是分層驅動？

根據美國心理學家亞伯拉罕‧馬斯洛（Abraham Maslow）於 1943 年提出的「需求層次理論」，人類動機可分為五層級:

生理需求（薪資、基本工時保障）

安全需求（穩定就業、勞動保障）

歸屬需求（團隊融入、主管支持）

尊重需求（晉升機會、績效獎勵）

自我實現（挑戰目標、創意發揮）

這一理論至今已被企業管理學廣泛引用，用以設計激勵制度。然而，在實務中，組織成員來自不同背景與年齡，處在不同人生階段，動機層次也自然不同。以單一誘因激勵全員，常導致某些人過度投入、某些人冷感應對。

◆ 員工動機的三層次架構：基礎、安全、自主

為更有效對應實際組織內部差異，以下是實務中可操作的三層分類：

基礎型員工（穩定取向）：重視制度明確與生活保障，偏好固定職務、明確上下班時間與任務清單；

進取型員工（目標導向）：追求績效導向、具競爭心，偏好明確獎懲制度與升遷路線圖；

自主型員工（內在驅動）：注重自我發展與使命感，偏好彈性制度、創意空間與文化導向。

領導者若能辨別員工所處動機層，便能避免錯配制度設計，例如將自由工時制度強加於需要固定節奏者，反而讓員工焦慮。

案例研究：綠藤生機（Greenvines）的動機分層管理實踐

綠藤生機（Greenvines）成立於 2010 年，是臺灣知名的天然保養品品牌，以「極簡保養」為核心理念，強調「無添加」與「環保」，成功在創業初期吸引對成分講究的消費者，成為臺灣天然保養品的代表品牌。

◇第十一章　員工心理與內部動能設計

基礎型員工的制度穩定性

針對基礎型員工，如後勤與行政職，綠藤生機提供制度穩定性，包括固定週期的回饋制度與線上排程工具，確保工作流程的順暢與效率。

進取型員工的績效激勵

對於進取型員工，如業務與商業發展部門，綠藤生機導入績效獎金與挑戰專案機制，激勵員工積極達成業績目標，並參與公司的成長計畫。

自主型員工的彈性與參與

對於自主型員工，如設計與產品職，綠藤生機給予極高的彈性與跨部門提案空間，強化員工的影響力與參與感，鼓勵創新與協作。

動機式晤談制度

此外，綠藤生機實施「動機式晤談制度」，由主管每季主動與員工對談其近期工作動力來源與未來想像，作為人力資源配置的依據，確保員工的需求與公司的發展方向一致。

動機依靠下列幾點來形塑團隊動能：

1. 動機一致性強化集體目標感：若團隊成員皆認同核心動機（如影響力、創新），將自動合作與補位；

2. 動機分歧需靠制度分流而非統一化解：不同行為模式可被容納於不同制度區塊，例如彈性工作、績效獎金、專案驅動可並行；
3. 動機公開透明反而強化信任：企業若能坦率討論「為什麼工作」，可讓員工調整期待與認知，避免挫折感。

正如軍隊中不同兵種有不同配置與訓練方式，企業內部動機差異不應被壓制，而是應該被精準引導與應用。

◆ 管理啟示：動機是企業管理的隱性引擎

企業若能察覺員工心理動能之變化，便可在組織內部建立極具彈性的節奏調整機制：

動機不應假設一致，而需持續觀測與分層對應；

從綠藤生機學到：動機對話與角色分工並行，可形成健康組織張力；

文化可凝聚方向，但動機決定行動強度；

將動機納入組織設計，不是人資專業，而是領導者本職；

群體心理管理不是操控，而是協調不同驅力找到共振頻率。

唯有讓每個人都能在自己的節奏與需求下找到「願意投入」的理由，企業方能實現真正的「上下齊心」，形成一支不待號令、自主推進的現代行軍部隊。

◇ 第十一章　員工心理與內部動能設計

第三節　強化歸屬與使命：從「兵」變「將」

孫子兵法〈地形篇〉有言：「視卒如嬰兒，故可以與之赴深溪；視卒如愛子，故可與之俱死。」意即，將帥若能讓士兵感受到被重視與信任，則即使面對艱困戰局，也願意生死與共。這段智慧正可套用在當代管理：當員工感受到自己不只是打工者，而是企業「共同創造者」，其責任心與投入度將大幅提升。換言之，現代企業若想強化內部戰力，便需設計從「兵」轉化為「將」的機制——亦即從基礎執行者，轉為具有主人翁意識的參與者。

◆ 歸屬感如何驅動自發性？

心理學家艾德華・戴西（Edward Deci）與理查・瑞安（Richard Ryan）提出的「自我決定理論」中，指出人的內在動力來自三種需求：

自主性：希望能主導自己的選擇；

勝任感：希望事情做得好且被肯定；

關聯性：希望被理解並歸屬於群體。

第三節　強化歸屬與使命：從「兵」變「將」

當企業設計出能滿足這三項要素的文化與制度，員工便不再只是完成工作，而是投入於工作本身的價值與意義。也就是從「服從型」員工，轉向「參與型」共創者。

◆ 三層歸屬感：任務、關係與願景

歸屬不僅是情感連結，更是行動能量來源。以下為三種層次的歸屬感分類：

任務型歸屬：認為自己的工作有價值，與公司目標連結，例如客服知道自己是顧客體驗的守門人；

關係型歸屬：與主管、同事有正向互動與心理安全感，願意主動表達與分享意見；

願景型歸屬：相信企業的存在目的是值得追隨的，願意為之犧牲時間與努力。

組織若僅強調任務型歸屬（例如績效目標），將使員工短期投入但長期疲乏；唯有三層歸屬兼具，才能形成穩定而主動的文化行動力。

案例研究：無印良品如何以「無聲的文化」打造員工使命感

無印良品（MUJI）自進入臺灣市場以來，並未如多數日系品牌強調流程控制或業績導向，而是透過「無印式文化內

◇第十一章　員工心理與內部動能設計

化機制」，讓一線員工成為品牌理念的傳遞者。這種文化落地並非自上而下灌輸，而是一種日常實踐式的價值滲透，形成強大的使命共識與服務一致性。

1. 意識導向的新人訓練：從「商品說明」轉為「理念理解」

MUJI 的新人訓練強調「你為何在這裡服務？」而非「你要怎麼銷售商品」，所有員工在第一週都需學習品牌的核心哲學：自然、簡約、非設計。這讓即使是一線店員也能理解，自己不只是販售物品，而是在幫助顧客選擇生活方式。

2. 靜默中的合作文化：以共感取代績效競爭

MUJI 不公開排名或強調業績比較，反而重視店內團隊間的協作與默契。每月固定舉辦「無印觀察日」，由不同門市同仁到其他店點觀察並回報細節落差，以無壓力方式促進經驗分享與文化一致性。

3. 參與式商品策劃制度：讓員工成為文化共創者

臺灣 MUJI 團隊於 2021 年起開放「社員提案制度」，鼓勵基層人員提出商品建議或店內動線設計改善。最著名的是高雄左營門市的「風土推薦書牆」便是由店員提出，主動挑選符合在地文化的閱讀與物件，後來甚至被日本總部收錄為全球優良案例。

4. 書寫文化延伸為品牌語言

MUJI 每年會選出部分員工手稿、內部隨筆與商品推薦語錄，製作成內部刊物《MUJI Letter》，不對外發行，僅供全體同仁內閱。這份「只給自己人看的文字」反而強化了身份認同感，也促使更多員工願意思考與表達。

無印良品的成功不靠高薪激勵，也不靠制度懲戒，而是藉由一套「不喊口號、卻人人可述說」的文化路徑，讓員工從日常服務中看見自我價值，進而與品牌建立深層情感連結。真正穩定的組織，從來不是靠命令驅動，而是靠共同語言與情感黏著。

讓員工具備「領導感」與「貢獻感」，需從三面切入：

角色共創：不將職位視為機器零件，而是邀請員工共構角色內容與價值；

任務主導權下放：讓執行者決定部分流程順序或資源運用方式，增加責任感；

績效轉化為意義對話：績效回饋不只是數字，也應包含價值貢獻的具體敘述。

將員工視為將領，而非士兵，便能喚醒其思考力、判斷力與影響力。

◇第十一章　員工心理與內部動能設計

✦ 管理啟示：從忠誠期待轉為責任賦能

孫子曰：「卒未親附而罰之，則不服；不服則難用也。」企業若欲讓員工自願擔起責任，不能靠規定或壓力，而應創造心理契約：

歸屬感源於信任，不是控制；

從無印良品學到：願景不需空喊，而應轉化為日常任務與自我角色；

組織非權力分層，而是影響力滲透；

讓每位員工找到自己與組織交集的「位置感」，才能走得久；

從兵轉為將，關鍵在企業是否願意真正授權、開放與傾聽。

當員工從「做事」轉為「做決定」，從「完成」轉為「參與」，從「服從」轉為「共創」，企業便具備長期競爭力的內在根本 —— 一支具有自我指揮系統的現代軍團。

第四節　內部動能建構與持久戰規劃

企業若想在市場競爭中長期站穩，不能單靠短期衝刺或單一激勵機制，而需建立一套內部動能系統，使組織能在高壓與變動中維持穩定的續航力，猶如備戰持久之役。

所謂「動能」，即為驅動行動的持續力量。若企業將員工視為組織肌肉，那麼動能便是能量來源。當動能不足，即使策略方向正確，也會陷入執行乏力、溝通延遲、團隊鬆動等現象。如何建立「自我推進型組織」而非「指令依賴型組織」，便是本節探討的重點。

◆ 三層內部動能架構：結構、節奏與價值

結構動能：制度與資源支撐

包含工作流程設計、資源配置、權責分工，類似軍隊的補給與作戰結構。

若制度過於僵化或重疊，會成為「阻力」而非動能來源。

節奏動能：目標管理與行動週期

包含 KPI 設計、OKR 導入、行動檢視頻率，確保團隊有明確方向與可見成就感。

周期錯誤會導致員工疲乏或失焦，例如三個月無成果回饋、目標設太遠。

◇ 第十一章　員工心理與內部動能設計

價值動能：文化與願景驅動

使員工相信工作本身的意義，從而在制度外主動補位、創新與協作。

高階主管角色在於詮釋價值，非僅傳遞命令。

當這三種動能得以同步運作，組織將能形成「持久戰狀態」：即便外部壓力升高、預算緊縮，仍能穩定推進。

案例研究：
Asana 如何以系統與文化建立持續性動能

Asana 是由 Facebook 共同創辦人達斯汀・莫斯科維茨（Dustin Moskovitz）創立的專案管理工具公司，其本身也是一個動能管理的實踐案例：

結構動能：所有任務皆系統化記錄於平臺，彼此間設有可追溯性，並透過「狀態更新」自動生成進度；

節奏動能：以週為單位設定短期目標（weekly goals）、季為單位設定 OKR，避免中間空窗期；

價值動能：全員均受訓於「conscious leadership」，即意識型領導，主管需關照團隊情緒與動力來源，而非僅看績效數據。

Asana 內部亦重視「工作與使命感連結」，每位新進員工須了解產品如何幫助全球團隊更有組織地工作。此種價值連

結，使員工投入感大幅上升。

想打造自我推進型團隊，你可以：

把資源與授權同步下放：光是賦權無法激發行動，需有配套資源（時間、人力、決策彈性）相隨；

明確週期回饋，避免長期沉默：定期舉行任務小結，鼓勵員工主動回報與調整；

設立「動能觀察指標」：例如平均回應時效、任務延宕率、提案參與度等，以數據輔助動能判讀；

將價值內嵌於會議與日常語言中：主管在日常語句中不斷重申「我們為什麼這樣做」，逐步形塑文化軌道。

動能不是一天建立，而是透過制度設計、節奏設定與價值灌注所累積。

管理啟示：
打長期戰，靠的是內部動能不是外部補貼

孫子曰：「無恃其不來，恃吾有以待之。」這句話提醒企業，不要期待外部環境總有利，而是必須打造內部耐震結構。

動能是組織續航力的底層結構，非僅靠激勵活動可一蹴可幾；

從 Asana 學到：制度可養成節奏，節奏可支撐文化，文化回饋再強化制度；

◇第十一章　員工心理與內部動能設計

「會執行」的團隊，不見得「能持續執行」，唯有動能系統方能承壓；

高績效不只是結果，更是一種節奏與信念的組合體；

未來組織競爭，不是看誰能衝得快，而是誰能跑得久且穩。

打造一個有韌性的組織，就像備戰漫長征途，不靠一次燃爆，而靠穩定燃燒 —— 這正是現代企業的「九地策略」。

第五節　彈性工時、遠距制度與信任管理

　　孫子兵法〈行軍篇〉有言：「令之以文，齊之以武，是謂必取。」此處講的是領導者應善於結合制度與人性，使軍隊既能紀律分明，也能因地制宜、靈活調整。對現代企業來說，這句話可視為「制度設計與信任管理」的平衡藝術，尤其在彈性工時與遠距工作的普及之後，企業面臨的不再是單一效率問題，而是如何在分散環境中維持協作效率、信任連結與文化延續的管理挑戰。

◆ 遠距與彈性制度的轉變意義：從控制走向信任

　　疫情以後，全球進入遠距與混合辦公常態化時代，根據《哈佛商業評論》2023 年調查指出，超過 78% 的知識工作者希望能長期保有「至少每週兩天」的遠距工作安排。這代表組織架構與管理思維必須從「時間到場管理」轉向「目標與責任導向」。

　　傳統的「監督式管理」已無法適用於遠距制度，領導者若無法建立基於信任的管理模型，將導致以下問題：

　　資訊失真與誤解增加：溝通不即時與缺乏情境互動，容易產生誤判；

　　心理疏離與文化稀釋：無法感受團隊氣氛與價值共鳴，造成離職意願上升；

◇第十一章　員工心理與內部動能設計

工作與生活邊界模糊：員工無法明確切換工作與休息模式，導致疲憊與焦慮累積。

因此，彈性制度的落實，必須建立於「信任架構」之上，而非工具與技術而已。

案例研究：GitLab 如何在全遠距組織中實踐透明與信任管理

GitLab 是全球最大全遠距營運企業之一，擁有來自 60 多國、超過 2,000 名員工，無實體辦公室。他們如何維持高效運作與文化凝聚？以下為其三項核心做法：

極度透明文化：GitLab 將公司內部所有政策、流程與會議紀錄公開於網路上，甚至包含薪資架構與內部反思；

非同步優先：強調訊息優先於即時溝通，以書面紀錄為基礎，確保資訊明確與責任可追溯；

信任代替監控：GitLab 不設遠距監控軟體，改以明確 KPI 與定期一對一訪談代替監督，主管角色轉為資源支持與心理陪伴者。

這些作法使 GitLab 不僅成為遠距工作的成功典範，也證明信任管理能夠取代傳統權威監控，激發員工的自我管理能力與長期投入。

彈性制度設計有這四大原則：

清晰的角色與期望定義：每位員工的工作輸出標準需量化、明文化，讓責任可落實；

同步與非同步混合機制：設計每日同步會議與週期性非同步回報，讓行動與反思並存；

情緒與心理關懷制度：如遠距心理支持、虛擬茶敘、小組反思會等，維繫人際溫度；

信任指數監測：透過 360 度回饋與組織脈搏調查，定期觀測員工對制度與主管的信任感變化。

彈性制度設計的核心，不是「讓大家自由做事」，而是「設計一個能讓自由發揮且產出穩定的環境」。

管理啟示：
分散中的連結，靠制度設計更靠信任建構

孫子曰：「因地制宜，因敵制勝。」現代企業若能掌握遠距與彈性制度背後的人性邏輯，將能轉為戰略優勢：

彈性制度不是福利，而是組織效率的新模式；

從 GitLab 學到：信任與透明是唯一可長期運作的管理依據；

管理者角色需從監督者轉為「空間設計師」，打造有效對話與行動環境；

◇第十一章　員工心理與內部動能設計

　　制度若無信任，便會走向僵化與反彈；制度若有信任，便能激發超出預期的自我驅動力；

　　真正的文化，不在辦公室空間，而在行動語言與每日決策中。

　　當一個組織能在看不見彼此的情況下，依然同頻共振、持續推進，那麼這個組織就具備了現代戰爭中最稀缺的優勢：機動性與韌性兼備的戰鬥部隊。

第六節　華碩從技術導向轉為文化導向的演變過程

當企業由一個以工程技術為核心的組織，成長為全球品牌領導者時，最大的挑戰不再是技術本身，而是如何調整內部文化，以對應快速變化的市場與組織規模。華碩（ASUS）正是一個從技術導向邁向文化導向的代表性企業，其演變歷程展現出從「工程精準」邁向「文化驅動」的轉型樣貌。

◆ 初創期：技術導向與創辦人信念

華碩創立於 1989 年，是由施崇棠、徐世昌、童子賢、謝偉琦與廖敏雄共同創辦。初期以主機板 OEM 代工起家，核心文化為工程導向，即「穩定、效能、成本控制」為最高指導原則。此階段的組織氛圍具有以下特質：

工程導向的邏輯決策：決策依據多為技術成熟度與產線效率；

等級明確的指令體系：部門間以職能導向區隔，跨部門溝通受限；

重績效、輕文化：管理重視數字成果與時程控管，較少內部文化設計。

◇第十一章　員工心理與內部動能設計

這些文化雖支撐了華碩成為全球主機板第一品牌，但也造成員工缺乏文化歸屬、部門壁壘嚴重與創意創新力不足的隱憂。

✦ 成長期：品牌擴張帶動文化轉向壓力

2000 年以後，華碩開始拓展筆電與消費性電子領域，並進行「華碩、和碩」重組，將代工業務與品牌業務分離。這一波轉型促使華碩必須從內部開始文化重建，其核心挑戰如下：

組織規模膨脹，溝通失效：員工數量突破萬人，原有工程式管理邏輯不敷使用；

品牌思維與工程思維衝突：行銷與產品端在價值觀上常有摩擦，需統一語言與共識；

年輕人才流失：新世代員工難以適應舊有上對下的工程文化，離職率上升。

在此情境下，董事長施崇棠於 2014 年啟動全力推動數位生活的集體創新為主軸重構企業文化體系。

✦ 積極轉型：文化內建於制度與日常

文化轉向並非靠口號推動，而是逐步滲透制度與語言層面。華碩的具體做法包括：

內部語言再設計：將技術用語轉化為消費者語言，並延伸至內部簡報、教育訓練與跨部門會議；

創新獎與行動文化評比：不僅獎勵產品創新，也獎勵「文化行為創新」，如跨部門合作、主動協作等；

導入 OKR 與文化型績效對談：將組織目標明文化，並納入「是否體現公司價值觀」為評估指標之一；

設立文化長與跨部門文化小組：文化長負責詮釋價值觀、協助管理階層落地實踐文化行為。

近年華碩積極強化內部共識與管理語言的一致性，擴展原有「ASUS University」平臺功能，並由高階主管擔任內部講師，親自講授企業文化、策略轉型與跨部門溝通等課題。此舉不僅讓新世代同仁理解公司願景與執行邏輯，也逐步建立一套橫跨研發、業務與營運的共享語言體系，使組織得以在規模成長中維持文化黏性與決策協調性。

✦ 成效觀察：文化轉向的四個組織影響

員工參與感提升：跨部門創新提案數量每年增長，顯示組織橫向連結提升；

主管語言風格轉變：從指令導向轉為啟發與共構，內部問卷顯示溝通滿意度明顯上升；

◇第十一章　員工心理與內部動能設計

離職率下降、人才黏著提升：新世代員工認同感增強，平均任職年限提升；

品牌價值觀外溢至產品：如 Zen 系列筆電即以「簡約、精緻、沉靜」為美學核心，傳遞出「禪意科技」的品牌語彙。

管理啟示：
文化不是替代工程，而是工程的進化形式

華碩的案例顯示，文化不是「取代硬實力」，而是強化、整合與驅動實力的新邏輯：

文化轉型需內建於制度，而非倚賴標語宣傳；

從華碩學到：管理語言的轉換，是文化落地的第一步；

員工參與度與文化一致性，才是跨部門協作的基礎；

企業價值若能映射至產品，文化將成為市場競爭利器；

從技術導向轉為文化導向，不是放棄理性，而是讓理性有感情的容器。

文化不是企業成功之後的點綴，而是組織從內部重整出發的根本工程。唯有內部文化與外部品牌一致、組織語言與個人認同共鳴，企業才真正具備長期競爭力的韌性核心。

第十二章
危機公關與策略轉進

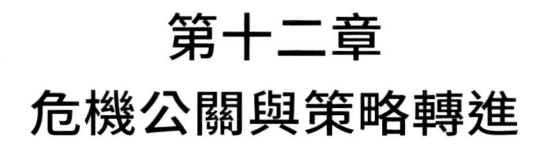

◇第十二章　危機公關與策略轉進

第一節　引火為攻：危機就是轉機

真正的用火之術，不在毀滅，而在轉化。現代企業若能在危機中不陷入焦土思維，反而「引火為攻」，善用火勢帶動自我革新，便能將劣勢轉為優勢。這不僅是危機公關的最高境界，更是策略轉進的智慧顯現。

✦ 危機的本質：信任裂縫與期待落差

企業面臨的多數危機，表面是事件失控，實質則是「顧客信任」與「社會期待」產生落差。舉例而言：

食品企業遭揭露添加不明成分，傷害的是「安全信賴」；

科技公司系統故障數次，影響的是「專業形象」；

高階主管言論不當，毀損的是「企業價值觀認同」。

危機之所以可怕，並不在事件本身，而在其象徵的信任裂解。若企業在第一時間只忙於滅火，卻未處理核心信任問題，將導致信譽長期滑落。

✦ 危機的五種反應模式

根據麻省理工史隆管理學院評論歸納，企業在危機發生時，常見的五種應對策略如下：

否認逃避型：完全不回應或低調處理，期待事件自然冷卻；

技術修補型：專注修復故障但忽略外部溝通；

道歉補償型：強調「我們錯了」，並給予物質補償；

價值重申型：透過聲明強化企業價值與未來承諾；

轉化升級型：將危機轉為改善制度與溝通透明的起點。

唯有第五種「轉化升級型」，才能真正將危機轉為轉機，而非短期修復。

案例研究：
博客來資安事件後的信任修復與轉化策略

2022 年底，博客來遭遇資訊安全事件，部分會員個資疑似遭外洩，約 3,000 名用戶受到影響。該事件原先引發外界質疑是否為內部人員洩漏，但最終經地檢署查明為境外駭客入侵所致，並於 2023 年 5 月正式簽結。面對此一信任危機，博客來並未選擇低調處理或迴避責任，而是採取一連串誠實透明且具長期效益的應對行動：

1. 正面回應與資訊揭露：博客來第一時間對外發布公告，說明事件發生的背景與暫時掌握的資訊，同時啟動內部調查與法務通報機制，並與政府資安單位合作追查來源。官方明確表示對顧客隱私保護的重視，並承諾將全面檢討內部資安架構。

◇第十二章　危機公關與策略轉進

2. 多層補償與帳戶風險通知：針對可能受影響的用戶，博客來主動寄出風險通知信件，提醒會員變更密碼，並提供專屬客服窗口處理相關查詢與身份驗證。此外，針對點數損失、誤用風險，亦設立補償方案與點數追溯機制。

3. 系統升級與顧客教育並行：在事件後數月內，博客來完成網站登入安全升級，包括導入雙重驗證、密碼強度提示與異常登入警示功能。同步推出「資安小知識」專區，協助用戶理解如何保護帳戶安全，將危機化為推動數位素養教育的機會。

4. 品牌語言重塑：從交易平臺轉向長期夥伴：博客來藉由此事件重新審視品牌語言與客戶關係定位，不再僅以「購物平臺」自居，將「我們理解你對資料安全的在乎」納入顧客服務語言，深化品牌信任感。

這次駭客事件對博客來而言，原是一場聲譽風險挑戰，但他們選擇以誠實溝通、制度升級與用戶教育三軌並行的方式，將一次資安衝擊轉化為品牌韌性的養分。真正穩健的品牌，並非永遠不出錯，而是在失誤發生時，能夠觀勢審時、冷靜應對，並把每一次修復過程變成與用戶的對話與連結。

危機即轉機的三個策略轉進步驟：

擁抱危機，正名問題

第一時間明確指出問題性質（技術、人為、價值）並承認錯誤；

藉由主動命名，取得話語權與情緒節奏控制權。

透明溝通，重建信任節點

提供連續性更新，不僅說明現況，更預告下一步；

設立回饋管道（問卷、客服直播、體驗論壇）增進參與感。

連結長期價值，建立「因火而生」敘事

危機不只是恢復，而是改善制度、調整價值定位、強化文化的契機；

將改善成果制度化、品牌化，成為未來的新標準或市場認知。

◆ 管理啟示：面對危機，不求無過，但求有為

孫子兵法火攻篇中已指出：使用烈勢之術，需審時而動、制於未燃。若敵火已起，須觀風應對、謀定退守。現代組織亦然：內部若生變，不宜強攻、需以冷靜與制度自穩；外部若遭衝擊，更應調整態勢，避免正面硬碰。懂得因火制變者，方能在烈勢中穩住主導權。危機若能從內部組織啟動對應機制，而非僅外部公關操作，才是實質轉機：

◇第十二章　危機公關與策略轉進

　　危機是管理成熟度的公開檢驗；

　　從博客來學到：面對錯誤的態度決定顧客是否給予第二次機會；

　　危機應被視為一種「品牌再設計」的槓桿點；

　　面對社群時代的危機，不誇大、不隱瞞、不裝飾，是三大生存原則；

　　轉機不是來自話術，而來自行動、制度與價值的真誠重建。

　　引火為攻，不是煽動，而是擁抱。唯有企業真正面對「信任失衡」的核心本質，並以行動證明成長與蛻變，方能在風暴後贏得市場與人心的再一次選擇權。

第二節　企業如何面對負評與品牌崩潰

承襲《孫子兵法》中「攻其無備」與「出其不意」的戰略邏輯。品牌在現代商業戰場上，不僅要應對競爭，更需應對來自消費者的情緒與社群回饋。一個負評，若處理不當，即可能演變為品牌崩潰的引信。尤其在資訊流動極快的社群時代，品牌面對負面聲浪的反應方式，將決定其信任資本的存續與否。

◆ 品牌崩潰的三種典型路徑

根據行銷學者珍妮佛・阿克（Jennifer Aaker）與蘇珊・福尼爾（Susan Fournier）在研究中歸納，品牌聲響崩潰通常經歷以下三種典型路徑：

認知背叛型：顧客發現品牌行為與其承諾背離，例如企業表面上宣稱自己具備環保、永續或社會責任形象，但實際行為卻與這些承諾不符，甚至只是做樣子，企圖用行銷話術掩蓋實質缺乏；

情緒失望型：品牌未回應消費者期待與情緒，例如客服冷漠或災難時沉默以對；

關係斷裂型：品牌價值觀或言行直接衝突於用戶社群信念，例如高階主管失言或政治立場爭議。

◇ 第十二章　危機公關與策略轉進

這三類型崩潰，不一定發生於產品本身出錯，而是價值與感知落差所引發的連鎖反應。

◆ 案例分析：Uniqlo 試衣間偷拍事件的信任修復

2015 年，Uniqlo 北京三里屯門市遭爆出顧客在試衣間遭偷拍並上傳網路。雖然後續調查證實是單一個人行為，且非企業主導，但品牌形象仍遭重創。Uniqlo 在此事件中展現的信任修復操作如下：

快速回應不推卸責任：24 小時內即發出聲明，強調「重視顧客安全，將全面配合調查」；

透明調查與進度回報：透過官網與微博每日更新調查進展與內部處理機制；

立即啟動內部改善措施：於所有門市更換試衣間門鎖、設立防偷拍警示與加強監視器設備；

延伸品牌社會角色：事件後持續推動「試衣安全月」，並與公益團體合作宣導顧客隱私權。

雖然事件初期品牌遭遇強烈輿論風暴，但 Uniqlo 透過「誠意、透明、制度」三大原則，將危機轉為品牌安全意識深化的契機。

第二節　企業如何面對負評與品牌崩潰

面對負評的四個階段處理法：

收集階段：全通路即時監測

導入社群聆聽工具，快速掌握負評擴散點與溫度變化。

分類階段：判別性質與情緒程度

區分為技術性問題（如產品瑕疵）、價值性問題（如性別、族群歧視）與社群性問題（如社群攻擊）。

回應階段：誠懇、不逃避、具體承諾

使用第一人稱語言與行動時程，避免空洞聲明；並設計責任人制度與內部連動處理機制。

重建階段：制度轉化與價值敘事

危機後推動制度升級，並產出對應內容，例如反歧視方針、隱私保護宣導專案等，形成文化信號。

管理啟示：
品牌不怕被批評，怕的是無準備的沉默

火發於人，必有因也。每一次負評，都代表一次社會期待與品牌實踐間的摩擦點。若能從中聽見真正問題，企業反而能更深刻理解其所扮演的角色：

品牌崩潰常非產品錯誤，而是價值未對齊；

從 Uniqlo 學到：面對情緒問題要用制度回應；

◇第十二章　危機公關與策略轉進

負評不是敵人,而是檢驗文化真偽的火線;

品牌越大,責任越重,沉默即失格;

真正的信任,不是危機前的好形象,而是危機中的好行為。

在聲音紛擾的時代,唯有懂得面對負評、處理負評,並在之後重建信任的企業,才能真正成為長久不敗的品牌戰士。

第三節　社群時代的聲譽風險控管

正如孫子兵法在〈火攻篇〉所傳遞的核心精神，使用火攻須視時機而定，並觀察其變化與外延效應。將此觀念套用在現代品牌管理，正呼應社群媒體時代的聲譽風險控管。社群時代的資訊傳播速度與群眾放大效應，使品牌面臨聲譽風險時，不能只靠傳統公關滅火，而必須具備「即時監測、節奏回應、聲量策略」三位一體的實戰能力。

◆ 社群聲譽風險的三大特性

去中心化傳播：消息非由品牌單一窗口釋出，而是由社群個體、媒體帳號、匿名網友多點同時放大，品牌難以掌控話語節奏；

情緒主導輿論：討論不以事實為核心，而是被憤怒、共感、失望等情緒驅動；

標籤化與病毒式擴散：一旦事件被標籤化（如「剝削」、「雙標」、「裝可憐」），便可能被當成議題樣本複製轉貼，成為品牌長尾危機。

這些特性使得品牌的危機處理不再是聲明與一封道歉信能解決，而須建構一套社群語境中的風險應變流程。

◇第十二章　危機公關與策略轉進

▍案例分析：海尼根（Heineken）廣告風波的即時控管策略

2018 年，海尼根在全球投放一支啤酒廣告，其中一句標語「Lighter is better」（較淡更好），被美國網友批評為種族歧視暗示。事件迅速登上 Twitter 熱搜，杯葛 Heineken 成為熱門標籤。面對聲量迅猛擴張，海尼根展現了成熟的社群危機應變：

五小時內即在 Twitter 以官方身份回應：明確表示「無任何歧視意圖，會立即下架廣告，將進行內部審查與教育」；

採用社群語言進行回應：使用第一人稱「我們」與簡潔句型，降低防衛感；

CEO 親上火線受訪：公開承認廣告審查流程失誤，並強調「尊重多元」為品牌核心價值；

於 48 小時內完成品牌審查機制調整：邀請多元文化顧問參與後續廣告審查委員會，提升信任恢復機制。

儘管事件造成短期負評與銷量波動，但其迅速、真誠、具制度性的應對，反而讓海尼根在年輕族群間建立「願面對問題、不護短」的現代品牌形象。

社群風險控管的三大策略面向：

即時偵測與節奏管理：

設置 24 小時社群脈動分析，結合 AI 文字雲端分析與情緒溫度預警；

制定「3-6-12 回應制度」：即 3 小時內偵測、6 小時內組織應變小組、12 小時內釋出初步說明。

情緒降溫與語境翻轉：

使用社群語言（非新聞稿語氣），搭配圖像、影片、KOL 合作發聲，降低誤解與敵意；

避免技術性用語與推責語句，如「我們會研究」、「已通知部門」等模糊回應。

制度升級與記憶重塑：

危機後不僅修正事件本身，更需將改變轉化為公開可見的制度，例如公開審查機制、回饋機制；

可設計「品牌自省」專欄、製作改版紀錄片或舉辦反思論壇，進行品牌印象重建。

◆ 管理啟示：控火之術，在於理解群眾溫度

在孫子兵法中，火雖為攻具，卻非主道；變雖無形，卻能引勢。用火攻者，須審其時勢、風向與敵陣之形；善導勢者，必因敵之變、我之虛實而調整布局。社群風險控火並非壓制聲音，而是順勢引導、轉化情緒：

品牌不能只說話，要會聽話、會用話；

從海尼根學到：道歉不夠，需制度與態度並行；

◇第十二章　危機公關與策略轉進

風險管理不只管危機,也要管理期待與信任;

真正的危機處理,是品牌與社會對話的一次再開機;

社群不是敵人,是品牌最誠實的鏡子。

當企業能從社群的火光中,看見自己的盲點,並願意修補、調整與自省,品牌才能在危機過後,煉出更堅實的核心價值與市場韌性。

第四節　危機中打出反擊：逆轉操作案例解析

孫子兵法〈火攻篇〉中有言：「火發上風，無攻下風。」在危機的風口浪尖，企業若未掌握風勢，就可能被輿論燒成灰燼；但若能順勢操作，則反能借勢翻轉，從受害者成為話語主導者。在當今社群與即時傳播環境中，「逆轉操作」已成為公關管理中的高階策略 —— 不僅止血，更是翻盤。

◆ 危機逆轉的基本邏輯：從防守到主動框架

逆轉操作的本質不在於「說明清楚」，而在於「重新設定討論焦點」與「主導情緒節奏」，其基本邏輯如下：

議題翻轉：將原本不利主題轉換為企業價值實踐或社會關懷的起點；

語境重構：改變原有情緒風向，例如從「憤怒」轉向「幽默」、「對立」轉為「教育」；

主導聲量場域：搶占平臺與媒體話語權，讓正面消息在負評前面浮現。

簡言之，逆轉操作不是「滅火」，而是「反打」：透過創意策略與群眾語言重新主導局勢。

◇第十二章　危機公關與策略轉進

案例研究：
肯德基「雞肉短缺危機」的幽默反轉操作

2018 年，英國肯德基（KFC）因物流合作夥伴問題，造成超過 600 家分店「無雞可賣」，引發全國顧客憤怒與媒體關注，成為品牌危機。然後，KFC 英國團隊出奇制勝，採取以下逆轉操作：

顛覆式廣告自嘲：以「FCK」為標題刊登報紙廣告，將品牌「KFC」重新排字，幽默承認錯誤，引發媒體大幅轉載；

社群語言親切：發布一系列自嘲文案，如「我們連自己的主角都搞丟了」、「我們真的是一間賣雞的店」，引來網友好評與轉貼；

即時互動轉危為機：官方帳號與網友玩梗、道歉互動，使原本的負面聲量轉化為「品牌個性」的展現；

強調制度改善計畫：同步釋出物流改善藍圖與未來供應透明報告，讓幽默不淪為輕浮。

短短兩週內，品牌聲量由負轉正，KFC 更因本次事件獲得多項行銷與品牌公關獎項。

危機逆轉操作的四大關鍵策略：

出其不意：顛覆語境預期

傳統危機處理以穩重為主，逆轉操作則故意出奇，用幽默、設計或 KOL 語言打破焦慮氣氛。

高度誠意：自嘲中帶責任承擔

幽默或創意的背後，仍需展現具體作為與修正承諾，否則容易被視為戲謔逃避。

聲量同步：多平臺整合節奏一致

廣告、公關、社群團隊同步作業，確保在所有平臺的訊息語氣一致，形成合力聲浪。

文化感知：貼合社群語感與幽默邏輯

使用在地用語、社群梗圖、流行元素，與大眾站在同一語境，才能形成共鳴。

◆ 管理啟示：逆勢翻盤，要有膽識更要有設計

《孫子兵法》在〈火攻篇〉中指出火攻戰術的分類，更揭示出一個現代策略關鍵：工具的運用不能脫離時機與環境。對企業而言，火可比喻為話題操作、價格戰、媒體放話、外部施壓或資料公開等「強力干涉手段」。若能根據市場變化、輿論風向與內部節奏選擇正確出手時機，則能擴大效果、轉化勢能；若貿然施放，則可能適得其反，引火自焚。

不是每次危機都能逆轉，需判斷是否仍有社群好感與話語餘地；

從 KFC 學到：幽默是品牌文化的試金石，不可強用；

逆轉操作的本質是「創意帶誠意」，不能用幽默遮掩責任；

◇第十二章　危機公關與策略轉進

　　真正的高手，是讓對手以為你失誤，實則早已鋪排下一步；逆轉，不是辯解，而是用另一種方式「重新定義自己」。

　　當品牌敢於承認錯誤、運用創意自我翻轉，並將危機變成文化輸出場，便能展現現代品牌的柔韌與風骨 —— 如同孫子所言，能用火為我所用，方為上策之軍。

第五節　火攻五法對應現代危機處置模式

孫子兵法〈火攻篇〉提出：「火攻有五，一曰火人，二曰火積，三曰火輜，四曰火庫，五曰火隊。」這五種火攻策略，原是針對軍事目標的具體破壞手段；但若以管理學與品牌經營視角來解讀，則可轉化為現代危機管理的五種應變面向。換言之，古人用火攻破敵，今人用危機破局，只要策略得當，亦能借勢反轉、轉危為機。

火攻五法的現代對應詮釋

火人：破壞決策者或意見領袖的形象，現代對應為「領導風波危機處理」

例如高階主管失言、個人醜聞對品牌形象構成威脅，需以領導重申與制度補救應對。

火積：攻擊對方糧秣存量，現代對應為「營運中斷與供應鏈危機」

包括物流癱瘓、生產停滯，企業需建立備援體系與透明化應對。

火輜：破壞交通與輸送路線，現代對應為「資訊錯配與內部溝通斷層」

常見於大型組織內部協調不良，資訊混亂導致對外失言與混亂回應。

◇第十二章　危機公關與策略轉進

火庫：焚毀敵方倉儲資源，現代對應為「資料外洩與資安危機」

包括顧客個資外洩、內部資料被駭，需即時通報、法律對應與誠信重建。

火隊：趁敵混亂時襲擊軍隊，現代對應為「品牌在多點負評時的主動戰略部署」

如競爭對手乘虛攻擊、網路聲量爆發，需啟動多平臺應變與輿情管理。

這五種「火攻法」在現代可理解為「危機類型分類系統」，幫助企業快速判讀危機本質與對應策略。

案例研究：Airbnb 多重危機應對架構的「火攻對應法」

Airbnb 作為共享住宿平臺，近年面對許多挑戰，包括房東違法經營、客戶受害事件、資料外洩等，均屬高敏感度風險。其危機處置策略正可對應「火攻五法」：

領導形象危機（火人）：2020 年疫情爆發後執行長 Brian Chesky 主動錄影向房東與旅客道歉，公開裁員決策與補償方案，展現透明與擔當；

營運中斷（火積）：在大量訂單取消與疫情封鎖情境下，快速調整退費政策與推出「線上體驗」產品，延續營收流；

資訊混亂（火輜）：成立專責「全球應變溝通中心」，統整各區資訊發布與即時溝通，減少回應混亂；

資料外洩（火庫）：面對用戶隱私質疑，更新資安政策並公開駭客應對流程，加強加密與外部稽核機制；

品牌攻擊（火隊）：在黑命貴運動期間因種族歧視議題被點名，Airbnb 迅速推出「反歧視行動白皮書」，主動將危機轉為品牌社會倡議行動。

建構企業版「火攻五法」危機對應表

火攻類型	對應現代危機	處理策略
火人	領導爭議、公眾形象危機	領導道歉、角色轉化、公關誠意溝通
火積	營運停擺、供應鏈斷裂	備援機制、緊急調度、透明對話
火輜	溝通混亂、內外訊息錯配	單一發言窗口、危機簡報體系建構
火庫	資料外洩、信任危機	法遵處理、誠信補償、制度升級
火隊	網路聲量暴增、外部攻擊	多平臺控聲、主動出擊策略部署

這張「火攻五法對照表」，不僅能幫助企業分類危機，也可作為企業年報與應變手冊中制度化內文參考。

◇第十二章　危機公關與策略轉進

> **管理啟示：**
> **危機管理的高度在於分類速度與應變配套**

正如〈火攻篇〉指出：「火發於內，則早應之於外。」無論危機來自敵手還是自身內部，皆需審時制應。企業在管理層級問題、品牌負評或外部突襲時，亦當依此原則冷靜部署，不可拖延、不宜躁進，方能化危為機。

分類是處理危機的第一步，不可一體適用；

從 Airbnb 學到：同時多火並發，需有分類機制與資源排程；

每一種危機，皆需制度對應、發言策略與文化轉化；

危機處理不只是公關任務，而是策略核心；

企業若能將「火攻五法」轉化為制度化管理框架，即能在百變風險中快速判局應對。

危機時刻，不只是逃生，而是領導者洞察、設計與重建組織價值的時機點。火可毀物，亦能生光，關鍵在於是否有足夠的準備與格局，看懂火，也懂得用火。

第六節　特斯拉 FSD 事故風波下的轉譯與轉向

火是危險的,但也可以轉化為戰略推進的動力。當企業面對嚴重公關風波時,若能順勢轉譯爭議、進行戰略轉向,往往能將聲譽危機轉為產業話語主導權的契機。特斯拉在 FSD(Full Self Driving,全自動駕駛)功能引發的多起事故風波中,正是如此操作的典型案例。

◆ 爭議背景:FSD 事故與聲譽挑戰

自 2016 年以來,特斯拉陸續推出 Autopilot 與 FSD 功能,號稱可實現高速自動變道、停車、自動召喚與部分城市道路自駕功能。然而,隨著全球多起交通事故與死亡案件的報導,包括美國國家公路交通安全管理局(NHTSA)對其展開調查,社會各界對「自駕安全」與「廣告誤導」提出強烈質疑。

特斯拉面臨三大輿論風暴:

科技過度承諾與實際落差;

事故責任不清與用語模糊(如「Full」是否等同 Level 5 自駕);

伊隆・馬斯克(Elon Musk)個人言論造成市場與政策反彈。

◇第十二章　危機公關與策略轉進

這些事件原可讓特斯拉陷入全面信任崩潰危機,卻在轉譯與策略操作下,成功進行轉向與強化技術優勢敘事。

◆ 危機轉譯:從「產品過失」轉為「產業標準辯論」

特斯拉的轉譯策略可拆解為三個層次:

話語轉換:模糊語義重組與產品分類創造

特斯拉官方從未宣稱 FSD 是「完全自駕」而強調是「beta 測試中」功能,並創造「用戶共同訓練 AI」的集體參與語境;

情境轉化:從責任對錯轉為產業風險共同承擔

馬斯克公開宣稱:「沒有技術是完美的,但若不推動,死亡數將更多。」將自駕風險轉為交通演化的必要陣痛;

敘事焦點移轉:從單一事件轉為產業標準定義權

將事故視為「監管未明與定義模糊」之結果,倡議推動全球統一自駕標準,升高為產業政策議題。

透過語言、情境與敘事三層轉譯,特斯拉將危機焦點從「自家產品」轉移為「整體產業制度與社會進程」的議題。

第六節 特斯拉 FSD 事故風波下的轉譯與轉向

◆ 策略轉向：技術加速與制度參與並行

除了語言轉譯，特斯拉同步啟動兩項策略轉向：

技術透明化與演進加速

每次更新 FSD 皆發布完整版本號與改進重點，甚至邀請車主參與影片回饋；

提供事故前後數據透明化分析，創造「我們比傳統車更安全」的資訊優勢感。

積極參與政策與標準制定

透過與美國、歐盟政府溝通，推動開放式測試框架；

投入自駕產業聯盟，主導用詞、分級、風險披露等新標準建構。

這不僅讓特斯拉從被動危機者轉為「主導產業規則的角色」，也有效轉移公眾注意力與提升未來話語主導權。

◆ 管理啟示：爭議未必是敵人，轉譯能成動力

現代企業面對市場劇變或輿論壓力時，往往將「火」視為危機，急於撲滅。但在《孫子兵法》中，火既是攻擊工具，亦是戰勢導體。後人有句話可總結其意：「火可為攻，亦可為勢」。若能掌握火的節奏，不僅能傷敵，更能引導整體局勢走向。例如一場危機公關操作，若節奏拿捏得當，即可化焦點

◇第十二章　危機公關與策略轉進

為話題、將負評轉化為對話、甚至聚焦於品牌核心價值：

危機的本質常是語言與認知落差，非產品本身；

從特斯拉學到：語言策略是危機管理的第一手段；

事故後的資料透明與用戶參與是信任重建的資產；

企業若能轉化風暴為產業提案，便從被檢討者轉為提案者；

危機不是終點，而是通往產業主導權的競爭跳板。

在未來風險與技術共存的年代，最有價值的，不是從未出錯的品牌，而是能在錯誤中轉譯、在風暴中重構意義的品牌。

第十三章
情報分析與競爭情報系統

◇第十三章　情報分析與競爭情報系統

第一節　情報即力量：市場洞察的系統化建立

　　孫子兵法〈謀攻篇〉有言：「知彼知己，百戰不殆；不知彼而知己，一勝一負；不知彼不知己，每戰必殆。」這句話成為數千年來情報學與戰略管理的核心。對於現代企業而言，情報不只是輔助決策的工具，更是形塑競爭優勢與避免錯誤的必要前哨。資訊越多不代表智慧越深，唯有透過系統化地收集、整理與解析，情報才能從雜訊中萃取價值，轉化為組織的行動資本。

◆ 情報的定義與價值

　　在企業管理中，「情報」不同於「資訊」。資訊是事實的集合，情報則是經過解釋、分析與判斷後的戰略洞察。

　　舉例來說：

　　資訊是知道競爭對手降價了；

　　情報是判斷其降價背後可能是庫存壓力、經銷通路整併或新品布局前兆。

　　因此，情報的價值在於：

　　提早預知競爭行動與風險來源；

協助企業在動態市場中擬定更具彈性的策略；

將零碎市場信號整理為判斷依據，降低決策錯誤率。

◆ 情報系統的三層次建構

現代企業建立情報系統，必須從以下三個層次逐步推進：

蒐集層：內部資料與外部環境並行

包含財務報表、顧客回饋、競品動向、業界分析、法規變動與社群輿論等。

需要建立關鍵詞追蹤機制與爬蟲工具或合作顧問平臺，例如使用 SimilarWeb、SEMrush 等進行網站與關鍵字監控。

解讀層：跨部門知識整合與視覺化分析

將資料轉譯為可供高階主管決策的洞察報告，搭配儀表板，顯示趨勢變化。

透過 BI 工具（如 Tableau、Power BI）進行視覺呈現，使非技術主管亦能迅速掌握方向。

應用層：情境模擬與決策情境演練

情報若無實際應用價值，即淪為資訊堆疊。

領導階層可設置定期「情報演練會議」，針對三個假設情境擬定行動計畫，培養敏捷反應能力。

◇第十三章　情報分析與競爭情報系統

◆ 案例研究：Zara 的情報速度與現場決策模型

Zara 作為全球快時尚品牌龍頭，其競爭優勢並非產品創新，而是「情報反應速度」。

即時市場回饋系統：每間店舖每日回報銷售數據與顧客回饋，由總部 AI 系統每日整理為趨勢摘要，供設計與採購部門翌日應變；

去中心決策架構：賦予地區主管「即地決策」權限，無須等候中央指示；

強化供應鏈反應速度：從情報輸入到上架新品只需 2-3 週，成為傳統服飾業（平均 5-6 個月）難以匹敵的優勢。

Zara 的成功證明情報若能即時處理並轉為行動，便可支配節奏主動出擊。

情報系統若操作不慎，也可能產生錯誤指引。常見誤區包括：

資料過多而無洞察：成為資料倉儲部門而非決策資源；

過度依賴外部資料：忽略內部顧客與一線員工的觀察視角；

忽略反情報：被競爭對手反向誤導，如假促銷、假消息釋放。

為此，建議設立「情報倫理準則」，強調內部驗證制度與反情報識別訓練，例如定期檢討過去半年錯誤情報的決策結果，形成學習機制。

◆ 管理啟示：情報的價值在於行動可用性

情報是先於戰爭決策之前的「知識資本」與「行動引擎」。

情報不是新聞，而是行動依據；

從 Zara 學到：資訊快不如反應快，反應快不如節奏可控；

情報部門的存在價值，在於是否能幫助 CEO 決定「明天怎麼走」；

情報若無回饋機制，將成為資料雜訊；

唯有把情報融入組織決策肌理，企業才具備真正的市場前瞻力。

情報非為了擁有資料，而是為了降低決策的不確定性。當企業能夠運用情報系統洞察變化、預測行動並快速調整戰術，就能掌握市場的節奏主導權，真正實踐「知彼知己」的不敗原則。

◇第十三章　情報分析與競爭情報系統

第二節　數據驅動下的決策優勢

孫子兵法〈用間篇〉說：「用間有五：有鄉間，有內間，有反間，有死間，有生間。」這五種間諜角色，其實對應的正是企業決策過程中不同來源的數據。若說情報是看清對手的手，那數據則是看懂自己的腳步與身體節奏。現代企業管理的核心，早已從經驗直覺導向，轉為以數據為基礎的洞察與判斷。企業若欲在變動市場中立於不敗之地，就必須打造一套「數據驅動的決策系統」，以降低主觀偏誤、強化反應速度，並提升長期績效穩定性。

◆ 數據驅動的決策優勢：從績效驗證到市場反應

根據 KPMG 於 2023 年發布的《全球科技應用調查報告》指出，多數企業導入數據與科技工具後，其營收平均成長幅度超過 10%。另有美商鄧白氏調查指出，77% 的全球商業領袖認為，「數據品質」將是未來三年企業能否具備經營韌性的關鍵。這些研究均說明，數據驅動的決策機制已成為組織穩定成長與因應市場變動的重要基礎。其原因在於：

數據可驗證：可為既有策略、顧客行為與績效表現提供客觀依據，協助企業判斷是否達標，避免過度倚賴經驗與直覺；

數據可預測：藉由趨勢追蹤、顧客細分與風險模擬，使企業在策略選擇前即掌握高機率成果；

數據可調整：即時反映市場回饋，有助於快速調整產品線、行銷節奏與客戶溝通方式。

簡言之，數據不只是決策依據，更是一套驅動組織「即學即行」、強化回應力的轉化引擎。企業若能建立內部數據文化，並培養跨部門的數據素養，即可將不確定的市場環境轉化為可控制的節奏與方向。

◆ 資料導向決策的四個關鍵步驟

企業導入數據驅動決策時，需建構一套系統性流程：

定義問題與決策指標

明確定義待解問題，例如「哪一產品組合利潤最高」、「哪一區域客訴率異常」，並找出可量化指標（如退貨率、使用率、轉換率等）。

收集與整合資料來源

包含內部營運資料（POS 系統、CRM、ERP）、外部市場報告與第三方行業資料，建立統一資料湖（Data Lake）。

◇第十三章　情報分析與競爭情報系統

分析與建模

應用描述性分析（看過去）、診斷分析（問原因）、預測分析（看未來）、處方分析（怎麼做）等技術；

可運用 AI、機器學習建模，例如使用 AutoML 工具進行預測建模。

視覺化與決策採行

將分析結果轉為可讀圖表與故事，便於跨部門溝通與實施。

✦ 案例研究：Shopee 的數據驅動銷售機制

作為東南亞電商龍頭，Shopee 在促銷活動規劃與消費行為分析上高度依賴數據系統。以下為其數據策略核心：

即時交易追蹤系統：每日追蹤平臺交易行為，分析高峰時段、熱門品類、客戶轉換點；

演算法推薦引擎：使用 AI 進行個人化推薦，提升平均購買金額（AOV）與停留時間；

銷售預測與庫存優化模型：根據歷史活動數據預測單品銷量，調整各倉儲備貨比例，降低缺貨與庫存積壓；

反詐騙數據機制：利用異常交易行為監控，偵測刷單或詐騙行為，提升平臺信任度。

第二節　數據驅動下的決策優勢

數據驅動的挑戰與常見錯誤：

資料品質不穩定：數據正確性不足，導致誤導性結論；

過度依賴工具：誤以為有 BI 工具即等同洞察，忽略人為判斷；

缺乏決策文化：主管仍以經驗為主，數據僅為佐證，無實際主導力；

部門間資料孤島：無法整合營運、行銷與財務資料，造成判斷偏差。

導入資料導向決策，關鍵不在工具，而在於決策文化與組織認知的重建。

管理啟示：數據驅動，不等於數據依賴

數據的作用即是察敵之情、知己之形：

數據驅動是訓練組織問對問題與判斷的能力；

從 Shopee 學到：資料快、準、整合，才是決策競爭力；

數據驅動是幫助人做決策，而非代替人；

BI 報表若無討論與策略轉化，就只是另一本財報；

真正的領導者懂得從數據背後看見結構問題與策略調整可能。

當企業能夠將數據從孤立的資訊點，轉為決策的日常語言，才能真正打造一個具備預測性、適應性與創造性的管理系統，讓企業在變局中穩定航行。

◇第十三章　情報分析與競爭情報系統

第三節　商情蒐集與競爭對手行為預測

孫子兵法〈用間篇〉強調:「明君賢將,能以上智為間者,必成大功。」對現代企業而言,掌握競爭對手的行為不只是觀察,更是一種透視其策略節奏與潛在動機的技術。這節將探討商情蒐集的方法與競爭行為預測的實務操作,從單一資訊擷取,推演出整體戰略傾向,並說明如何以情報推理強化企業的應變力與主動性。

✦ 什麼是商情?

商情泛指能夠協助企業做出戰略判斷的外部資訊,常見來源包括:

公開資訊:如財報、新聞稿、網站更新、社群動態;

非正式情報:如產業傳聞、獵頭資訊、展會觀察;

資料傳遞訊號:如網站流量變化、招聘需求異動、第三方平臺評論異動;

顧客回饋與投訴:可反向推估競品策略或市場資源配置。

這些資訊一旦經過整理與交叉分析,即可能成為預測競爭行動的線索。

商情蒐集的五種主要方式

數位足跡追蹤：透過工具（如 SimilarWeb、BuiltWith）追蹤競品網站技術更新、使用者行為與訪問趨勢；

社群語意分析：透過關鍵字分析與聲量圖譜，觀察其產品改版、客訴頻率或公關主題轉向；

徵才資訊與 LinkedIn 觀察：從人力銀行與 LinkedIn 職位異動判斷其擴張市場或技術研發方向；

第三方評論與價格追蹤：定期記錄其平臺評論異動與價格策略更新，預測其產品週期或促銷檔期；

顧客訪談與流失分析：訪談自家轉單客戶，了解其轉向競品的原因與滿意度差異。

案例研究：Lululemon 如何穩固女性運動市場的領導地位

面對 Nike 等大型品牌逐步加強對女性運動服飾市場的投入，Lululemon 並未消極防禦，而是持續深化其在瑜珈與女性社群中的品牌優勢，展現其領先企業在競爭升溫時的市場穩定力。

Lululemon 的品牌鞏固策略包含以下幾點：

深化社群影響力：透過與瑜珈、健身教練與社群影響者長期合作，Lululemon 建立起「由內而外」的品牌文化，讓使用者不僅是消費者，更是品牌的推廣者與參與者；

◇第十三章　情報分析與競爭情報系統

強化品牌敘事：持續以「身心平衡」、「生活覺察」等語言，延伸其品牌價值主張，使產品不僅止於服飾功能，而是自我認同的延伸；

打造沉浸式顧客經驗：舉辦線下免費瑜珈課程、社區跑步活動與冥想工作坊，將品牌融入消費者生活日常，進一步擴大顧客黏著；

靈活產品開發節奏：保持季節性快速上新機制，並持續投入機能性面料研發，確保在面對同業推出新系列時具備產品差異化與時間優勢。

儘管市場競爭者眾，Lululemon 在 2020 至 2022 年間仍穩定成長，其營收於 2022 年突破 81 億美元。這一成就並非來自單一戰術，而是來自長期社群經營與品牌價值一致性的策略節奏所致。

預測競爭對手的動作，不是靠單一資訊，而是要建立「推論模型」：

時間軸分析：記錄競品過去三年在價格、促銷、產品節奏與公關事件的時間序列，推測其內部週期；

語言與行動對照表：建立其高層發言與實際行動的落差模型，判斷其語言可信度；

假設演練法（What-if Simulation）：對於其一項行動，預設三種可能動機，對應不同預測後果，提早模擬應對方案；

第三節　商情蒐集與競爭對手行為預測

競品策略畫布（Competitive Canvas）：建立其產品線、顧客關係、通路拓展、品牌敘事四大面向的策略地圖，追蹤其變動軌跡。

> **管理啟示：**
> **觀察，不只是收集，是一種預備行動**

孫子曰：「故三軍之事，莫親於間，賞莫厚於間，事莫密於間。」用情報之道不僅在於精密，更在於能否從模糊線索中判斷意圖與動能。

情報蒐集需日常化與制度化，而非臨時應付；

從 Lululemon 學到：徵才與社群是最好的預測雷達；

競爭行為不是直接訊號，而是組合拼圖；

品牌策略是可被預測的，只要時間序列足夠；

當我們預測對手，實際上也是強化自身調整能力。

唯有將商情當作「預備未來」的戰術資料庫，而非「解釋過去」的輔助報告，企業才能建立一種具備情勢敏感度與反應靈敏度的文化，真正達到「先動者勝」的主動競爭力。

◇ 第十三章　情報分析與競爭情報系統

第四節　顧客資料、業界傳聞與公關觀測

商戰如同用兵,《孫子兵法》〈用間篇〉已明確指出:「事莫密於間」。這不僅是針對戰場機密,更道出情報收集與判讀的核心原則。在企業營運中,情報來源並非僅止於競爭對手或市場數據,更重要的,往往來自「非正式線索」:顧客言談中的細節、業界的模糊傳聞、公關操作下的集體印象。這些線索若能系統化整合與觀察,將成為判斷產業風向、預判趨勢、微調品牌策略的重要支點。

◆ 情報的邊角料:從非正式資訊中找信號

相較於硬性資料如財報與市場調查報告,顧客資料、傳聞與輿情往往散落、片段,甚至情緒化。然而,企業若能從中找出關聯性與重複模式,即能提前發現品牌風險與市場偏移:

顧客留言與評價中的重複抱怨詞彙,可反映產品體驗的普遍落差;

業務與客服部門內部會議中的「聽到某競品動作」,可視為市場異動預警;

媒體與 KOL 的語言選擇變化,透露品牌社會印象的微妙轉移。

這些非正式資訊是「微情報」，能反映市場與大眾情緒流動，往往在正式危機發生前先行浮現。

❖ 顧客資料的潛在洞察：行為背後的語言

在個資合規前提下，企業可從以下面向擷取顧客資料的情緒溫度與信任狀態：

客服紀錄分類分析：統整近三個月客服抱怨、問題與建議，進行語意分群，了解最常被提及的痛點類型與演變速度；

社群留言時間序列：統計品牌貼文留言正負評比率變化趨勢，發掘是否出現特定事件後轉折點；

退貨與申訴原因對照分析：分析退貨理由與申訴內容是否高度重疊，協助判別產品問題或顧客期待誤差。

這些資料若僅存在客服系統中，僅能滅火；唯有轉化為趨勢資訊，才能預防大火發生。

❖ 業界傳聞的價值與辨識：流言的信號與假象

企業間競爭有時表面平靜，實際上暗潮洶湧。業界傳聞雖不可全信，但若觀察其「出現位置、時間與重複次數」，仍可推估方向。例如：

傳聞若集中於供應鏈上游（如面料、晶片商），表示市場動向可能源於研發或技術迭代；

◇ 第十三章　情報分析與競爭情報系統

若出現於人力市場或獵頭圈,則可能是組織變革、重組或擴編的前兆;

如連續三家媒體引用不具名消息源,即需嚴肅看待其可能性與風向。

企業內部可建立「傳聞處理表」,記錄來源、性質、可疑程度與後續驗證情況,逐步累積判斷力與組織直覺。

✦ 公關觀測與語境操控:誰在說你、怎麼說你

品牌形象不只是主動塑造,也來自於媒體與社群語境的構成。企業應進行下列公關觀測行動:

分析一年內被媒體提及的頻率與主題類型,判斷媒體習慣如何定義你;

KOL 與評論者在描述品牌時常用的關鍵詞,如「老派」、「過氣」、「誠實」、「冷靜」等詞彙出現率;

Google Trends 中關鍵字與品牌關聯性變化,觀察是否有語境移轉。

這些觀測可視為企業的「輿情氣象圖」,提早發現風暴聚集區。

案例分析：數位零售的關鍵一役：全家便利商店的轉型實戰

觀察市場動態：從零售便利到數位需求的變化

全家洞察消費者對便利性與科技化的高度期待，意識到傳統實體零售面臨營收瓶頸，亟需轉型。顧客對無接觸購物、社群互動與快速結帳的需求日增，促使全家啟動「CVS 4.0」全通路布局。

創新通路經營：社群電商與門市團購的融合

推出「全+1行動購」作為社群團購平臺，將實體門市轉化為社群消費據點，成功結合線上選品與線下提貨，提升消費黏著度與轉單率，並擴大非會員觸及面。

會員制度數位化：點數遊戲化與個人化回饋

將原本紙本貼紙制度數位化，透過 APP 整合點數累積、點折現、點加金與遊戲互動，提升參與度。以大數據掌握消費頻率與品項偏好，強化會員分級制度與差異化行銷。

建立支付生態系：自有工具連結顧客體驗

開發「My FamiPay」電子支付後，升級為跨通路的「全盈+PAY」，整合會員帳號、支付工具與點數累積，降低結帳門檻，強化顧客對品牌的依附性與交易頻率。

◇第十三章　情報分析與競爭情報系統

數據驅動決策：打造精準行銷與商品組合

透過會員資料與消費紀錄，全家實現商品動態管理與區域差異分析，讓不同地區門市能改良陳列與供貨策略，進一步提升坪效與庫存週轉率。

> 管理啟示：
> 最精準的情報，往往藏在最邊緣的聲音裡

情報之道，非在話多，而在能聽出潛臺詞、看懂暗語。企業如能從顧客碎語、媒體語感與社群語境中找出規律，即掌握了情勢變動的先聲。

情報價值不在來源是否正式，而在訊號是否可解釋與重現；

社群字詞變化比報表更早反映品牌風險；

客服系統是最被低估的戰略情報站；

建立非正式情報盤點制度，讓微弱聲音成為品牌調整導航儀；

聽見邊緣，方能抓住主流轉向的第一線。

唯有真正重視「非正式情報」與情緒訊號，企業才有機會在危機形成之前提前轉向，在混亂中保持節奏，實踐孫子所說的「三軍之事，莫親於間，賞莫厚於間，事莫密於間。」的情報直覺。

第五節　商業間諜與道德邊界的模糊性

情報操作雖可致勝，然其運用需謹守道德與判斷之界。進入資訊爆炸的數位時代，商業情報已不再是專屬諜報人員的神秘工具，而是企業常態性的競爭手段。然而，當商情蒐集介入到個資邊緣、技術滲透與資訊滲出，商業間諜的界線也愈發模糊。

本節探討企業在競爭情報中的道德張力與法律風險，並透過實例分析企業如何拿捏策略與倫理之間的灰色地帶。

商業間諜的現代樣貌：從潛伏人員到演算法滲透

商業間諜在現代多以以下五種形式出現：

假裝顧客收集資訊：競爭企業安排人員假扮顧客詢問產品規格、定價邏輯與客服應對；

內部人員挖角或收買：鎖定競品技術或業務人員，以高薪轉職並取得商業機密；

社群演算法干擾：透過大量假帳號製造競品負評或輿論操控；

供應鏈側錄：滲透原物料供應商、物流夥伴或通路商，側錄銷量、合作條件與未來預訂數量；

◇ 第十三章　情報分析與競爭情報系統

數位監聽與資安駭入：利用釣魚信件、弱密碼、第三方平臺漏洞竊取資料庫與內部通訊紀錄。

這些手段多以資訊技術為核心，兼具效率與隱密性，但也迅速踏入法律與道德禁區。

✦ 案例研究：三星與台積電之間的資訊滲透爭議

在 2021 年，一名前三星工程師因跳槽至中國新創半導體公司，被控帶走技術文件與流程設計。雖然該工程師聲稱資料僅為個人筆記與非機密，韓國檢調仍判其構成技術外洩。

另一方面，台積電於 2022 年亦傳出部分設計圖被離職員工私藏，後續因無明確證據證實資料流向，僅依內部規範懲處。

這些案例反映：

資料界線模糊：筆記與知識難以切割，前公司與新雇主常陷入法律糾葛；

人力流動即風險：高技術人才一旦異動，資訊難免外溢；

跨國管轄挑戰大：資料流動往往涉及不同法域，舉證與定罪困難。

在法律與倫理之間的界線挑戰：

合理競爭與非法蒐證的模糊帶

舉例：是否可以購買競品進行拆解分析？若透過前員工提供細節是否違法？

第五節　商業間諜與道德邊界的模糊性

個資保護與顧客行為資料的使用

當企業追蹤顧客行為路徑與偏好分析,是否侵犯消費者資訊自主?

情緒操縱與聲量干擾行為

在社群投放引導性留言或發送假評論帳號,屬於輿論戰?還是數位詐欺?

企業雖未必觸法,但在道德標準與市場觀感中已潛藏重大風險。

建構負責任情報文化的三原則:

透明邊界政策:訂定明確的情報蒐集規範,包括不得接觸哪些資料、不得接洽哪些角色,並對內部與合作夥伴公開;

責任驅動機制:將情報任務與品牌聲譽管理掛鉤,評估若曝光對公司形象的影響;

資訊來源認證流程:對所有外部來源進行可信度等級分類,建立「風險區塊圖」,高風險來源須主管或法律部門核可。

管理啟示:
情報不是什麼都能拿,而是知道該拿什麼

孫子曰:「非聖智不能用間,非仁義不能使間,非微妙不能得間之實。」企業若欲在情報領域中勝出,須兼具智慧、

◇第十三章　情報分析與競爭情報系統

品格與邏輯：

商業間諜已進入演算法與社群干擾的新世代；

從台積電與三星學到：人才異動即為核心風險，必須建立行業共享倫理；

合法不等於合理，合理不等於永續；

情報策略必須與企業文化一致，否則傷人亦傷己；

真正高明的情報單位，是能說明「為何不做某事」的部門。

在風險透明、社群監督與監管趨嚴的環境下，情報的價值不只在獲得什麼，更在於是否能在不傷品牌、不傷信任、不傷人才的前提下運用它。那才是真正的智與仁，也才能讓情報成為持久競爭力，而非一場傷敵一千、自損八百的短線博弈。

第六節　LINE 與日本市場用戶習慣資料運用範例

　　知彼之道，不僅仰賴對競爭對手的情報蒐集，也取決於對市場結構與用戶行為的深刻洞察。尤其當企業跨足異國市場，若無法掌握當地文化語境與消費脈動，即使產品功能再完整，也可能水土不服。LINE 在進入日本市場後，正是透過用戶行為資料的精密分析與在地化應用，成功擊敗 Facebook Messenger 與 WhatsApp 等競爭者，建立壓倒性的通訊平臺地位。

◆ 市場背景：為何日本難以被打動？

　　日本向來以高品牌忠誠度、慢速採用曲線與重視隱私的消費文化著稱。過去多數國際科技品牌，如 Google 社群產品、Snapchat 等在日市場皆表現平平。主要原因包括：

強調群體信任結構，排斥陌生社交推薦；

重視既有生活模式，抗拒功能擾動；

高齡化社會使 UI 接受門檻降低困難；

市場成熟，網路行為深受傳統媒體語境影響。

　　在如此情境下，LINE 若欲成功插旗，僅憑「免費通話」功能顯然不夠，需更深層理解「日本用戶如何使用訊息服務」，而這，正是資料驅動的成果。

◇第十三章　情報分析與競爭情報系統

◆ 資料驅動策略：三大核心應用邏輯

　　LINE 日本團隊建立完整的用戶數據收集與轉譯流程，重點策略如下：

　　語音與貼圖行為分析：打造非文字主體的訊息體驗

　　透過點擊、轉發與頻率資料發現：日本用戶傾向以貼圖傳達情緒，並大量使用特定語境下的表情溝通；

　　因此 LINE 投入超過 2000 套貼圖設計，建立貼圖商店並引入用戶創作機制，打造互動語言生態。

　　年齡層分佈與 UI 迭代測試：低學習曲線的視覺模組

　　根據用戶年齡與操作時間熱圖發現，高齡用戶更偏好大按鈕與常駐選項；

　　將選單簡化、介面留白、引導流程強化，提升 50 歲以上用戶日活率（DAU）近 40%。

　　社群封閉性需求分析：強化私密分享與家族群組功能

　　日本用戶偏好封閉群體互動，因此 LINE 增設「家族帳號」、「群組提醒」、「悄悄留言」等功能；

　　與主流開放式社群（如 Facebook）形成區隔，打造「安全、內聚、熟人導向」的溝通氛圍。

　　根據 LINE 官方與第三方研究顯示：

第六節　LINE與日本市場用戶習慣資料運用範例

2022 年 LINE 在日本擁有超過 9,000 萬用戶，滲透率超過 80%；

每日平均傳送訊息數超過 200 億筆，其中超過 60% 含有貼圖或語音訊息；

用戶每日平均使用時間超過 40 分鐘，為所有社群通訊工具之最。

◆ 從資料中轉譯文化：LINE 的在地解讀策略

LINE 的成功在於：它不將資料視為冷冰冰的技術參數，而是視為理解「語言之外的文化密碼」之鑰匙。

貼圖不只是商品，是社交語彙的重構；

UI 不是美學，而是文化溝通門檻的解放；

封閉群組不是退流行，而是對安全感的再組織。

這種將資料轉譯為文化行為的能力，使 LINE 在日本成為一種生活基礎建設，而非只是應用程式。

管理啟示：
資料能贏市場，唯有在地文化能贏人心

用戶若能在平臺中找到自我情緒的出口與互動方式，才會真正「樂在其中」。

◇第十三章　情報分析與競爭情報系統

資料若不能**轉譯**文化，將無法實現品牌在地化；

從 LINE 學到：用戶的行為是語言，資料是翻譯器；

成功進入異地市場，須先理解該地不說出口的情緒偏好；

情報不只是攻敵，也能助我修身、察己之盲；

將文化融入數據建模中，才是智慧企業的下一步。

當企業能以數據為感應器、以文化為解析器，真正讀懂市場與人心，就能在複雜變局中建立一種「知彼知己」的全方位競爭優勢，實踐用間篇最深層的智慧。

第六節　LINE 與日本市場用戶習慣運用資料範例　◇

國家圖書館出版品預行編目資料

孫子兵法與現代管理：企業戰場上的致勝策略 / 林遠謀 著 . -- 第一版 . -- 臺北市 : 財經錢線文化事業有限公司, 2025.08
面 ； 公分
POD 版
ISBN 978-626-408-344-7(平裝)

1.CST: 孫子兵法 2.CST: 企業經營 3.CST: 研究考訂

494　　　　　　　　　114010642

孫子兵法與現代管理：企業戰場上的致勝策略

作　　　者：林遠謀
發 行 人：黃振庭
出　 版　 者：財經錢線文化事業有限公司
發 行 者：崧燁文化事業有限公司
E - m a i l：sonbookservice@gmail.com
粉 絲 頁：https://www.facebook.com/sonbookss/
網　　　址：https://sonbook.net/
地　　　址：台北市中正區重慶南路一段 61 號 8 樓
8F., No.61, Sec. 1, Chongqing S. Rd., Zhongzheng Dist., Taipei City 100, Taiwan
電　　　話：(02) 2370-3310　傳　　　真：(02) 2388-1990
印　　　刷：京峯數位服務有限公司
律師顧問：廣華律師事務所 張珮琦律師

-版權聲明

本書作者使用 AI 協作，若有其他相關權利及授權需求請與本公司聯繫。

未經書面許可，不可複製、發行。

定　　　價：450 元
發行日期：2025 年 08 月第一版
◎本書以 POD 印製